Nicole Ebersohl

Untersuchung der Wechselwirkung von NO und Ruß in laminaren, rußenden Vormischflammen

Untersuchung der Wechselwirkung von NO und Ruß in laminaren, rußenden Vormischflammen

von

Nicole Ebersohl

KIT Scientific Publishing

Dissertation, Karlsruher Institut für Technologie (KIT)
Fakultät für Chemieingenieurwesen und Verfahrenstechnik, 2014

Tag der mündlichen Prüfung: 13. März 2014

Impressum

KIT Scientific Publishing

Karlsruher Institut für Technologie (KIT)
KIT Scientific Publishing
Straße am Forum 2
D-76131 Karlsruhe

KIT Scientific Publishing is a registered trademark of Karlsruhe Institute of Technology. Reprint using the book cover is not allowed.

www.ksp.kit.edu

Print on Demand 2015

ISBN 978-3-7315-0330-9
DOI 10.5445/KSP/1000045122

Untersuchung der Wechselwirkung von NO und Ruß in laminaren, rußenden Vormischflammen

zur Erlangung des akademischen Grades eines

DOKTORS DER INGENIEURWISSENSCHAFTEN (Dr.-Ing.)

von der Fakultät für Chemieingenieurwesen und Verfahrenstechnik
des
Karlsruher Institut für Technologie (KIT)
genehmigte

DISSERTATION

von

Dipl.-Ing. Nicole Ebersohl

aus Neunkirchen/Saar

Tag des Kolloquiums: 13. März 2014
Referent: Prof. Dr.-Ing. Henning Bockhorn
Korreferent: Prof. Dr. rer. nat. habil. Ulrich Maas
Korreferent: Prof. Dr.-Ing. Thomas Kolb

Meinen Eltern

Die Dissertation entstand während meiner Tätigkeit als wissenschaftliche Mitarbeiterin am Institut für Technische Chemie und Polymerchemie des KIT unter der Leitung von Prof. Dr.-Ing. Henning Bockhorn. Die Arbeit wurde von der Bayerischen Forschungsstiftung finanziell unterstützt, wofür an dieser Stelle ausdrücklich gedankt sei.

Herrn Prof. Dr.-Ing. Henning Bockhorn danke ich für die interessante Themenstellung, die wohlwollende Unterstützung und die Diskussionsbereitschaft, auch über meine Zeit als wissenschaftliche Mitarbeiterin hinaus.
Bei den Herrn Prof. Dr. rer. nat. habil. Ulrich Maas und Prof. Dr.-Ing. Thomas Kolb möchte ich mich für die Übernahme des Korreferates, die sorgfältige Durchsicht der Arbeit und die anschließende konstruktive Diskussion bedanken.
Mein Dank gilt auch Herrn Prof. Dr. Rainer Suntz, der mir bei messtechnischen und theoretischen Problemen mit Anregungen und Rat zur Seite stand.
Außerdem möchte ich mich bei den Mitarbeitern der Metall- und der Elektronikwerkstatt für die Fertigung von Teilen für den Versuchsaufbau, für Reparaturen aller Art und für ihre stete Hilfsbereitschaft bedanken. Meinen ehemaligen Kollegen danke ich für die großen und kleinen Hilfen und die zahlreichen Diskussionen, die zum Gelingen dieser Arbeit beigetragen haben. Darüber hinaus boten mir viele auch freundschaftlichen Rückhalt. Hier seien insbesondere genannt: Beate Jungfleisch, Janbernd Hentschel, Holger Dörr, Olaf Häßler, Astrid Schön und Jörg Appel - allesamt mittlerweile promoviert.
Dr. Hagen Steger danke ich für das große Engagement beim Korrekturlesen und für die motivierenden Worte und praktischen Tips.
Joachim und meiner Familie gilt mein ganz besonderer Dank für die vorbehaltlose Unterstützung und die vielen Aufmunterungen von ihrer Seite, die eine Fertigstellung dieser Arbeit erst ermöglicht haben.

Inhaltsverzeichnis

Symbolverzeichnis

a, b	Mie-Koeffizienten	
a	Voigt-Parameter	
A_{ij}	Einsteinkoeffizient der spontanen Emission	s^{-1}
A	präexponentieller Faktor	mol, cm^3, s
B	Rotationskonstante	cm^{-1}
B_{21}	Einsteinkoeffizient der induzierten Emission	$m^3\ J^{-1}\ s^{-2}$
B_{12}	Einsteinkoeffizient der stimulierten Absorption	$m^3\ J^{-1}\ s^{-2}$
c	Lichtgeschwindigkeit	$m\ s^{-1}$
c	Koeffizient für Stoßverbreiterung bzw. -verschiebung	
C_{ext}	Extinktionsquerschnitt	m^2
C_{sca}	Streuquerschnitt	m^2
C_{abs}	Absorptionsquerschnitt	m^2
c_p	spezifische Wärmekapazität	$J\ kg^{-1}\ K^{-1}$
E	Energie	J
Ea	chemische Aktivierungsenergie	$cal\ mol^{-1}$
f_V	Rußvolumenbruch	
g	Linienprofilfunktion	
g_e	elektronische Entartung	
g_J	Entartung der Rotation	
h	Plancksches Wirkungsquantum	J s
h	Höhe über dem unteren Brenner	10^{-3} m
h	Enthalpie	$J\ kg^{-1}$
H	Druckgradient	s^{-2}
I	Intensität	$W\ m^{-2}$
I_0	Einstrahlintensität	$W\ m^{-2}$
I_ν	spektrale Einstrahlintensität	$W\ m^{-2}\ m$
I_λ	wellenlängenabhängige Intensität	$W\ m^{-2}\ m^{-1}$
J	Gesamtdrehimpulsquantenzahl	

k_B	Boltzmann-Konstante	$\mathrm{J\,K^{-1}}$
k_{ext}	Extinktionskoeffizient	$\mathrm{m^{-1}}$
k_λ^{abs}	spektraler Absorptionskoeffizient	$\mathrm{m^{-1}}$
k_L	Linienabsorptionskoeffizient	
K	Quantenzahl	
L	optische Weglänge	m
m	komplexer Brechungsindex	
m	Molekülmasse	amu
M	molare Masse	$\mathrm{kg\,mol^{-1}}$
n	Laufvariable	
n	Teilchenzahldichte	$\mathrm{m^{-3}}$
n	Koeffizient für Stoßverbreiterung bzw. -verschiebung	
n	Temperaturexponent	
N_T	Teilchenzahldichte	$\mathrm{m^{-3}}$
N_A	Avogadro-Zahl	$\mathrm{mol^{-1}}$
N	Hauptquantenzahl	
N	Anzahl der Moleküle	
n_s	Anzahl der chemischen Spezies	
p	Druck	Pa
$p(r)$	Normalverteilungsfunktion	
q	Quellterm	
Q_{ij}	Quenchrate Zustand i $\rightarrow$ j	$\mathrm{s^{-1}}$
Q_{rot}	Zustandssumme	
r	Radius	m
r_m	Medianwert des Radius	m
R	Gaskonstante	$\mathrm{J\,K^{-1}\,mol^{-1}}$
s	Variable	
S	Gesamtspinquantenzahl	
T	Temperatur, Partikeltemperatur	K
T_{rot}	Rotationstemperatur	K
u	Geschwindigkeit	$\mathrm{m\,s^{-1}}$
$\dot{V}$	Volumenstrom	$\mathrm{l\,h^{-1}}$
v	Schwingungsquantenzahl	
v	Geschwindigkeit	$\mathrm{m\,s^{-1}}$
V	Voigt-Profil	
x	Ortskoordinate	m
x	Variable	
x_i	Stoffmengenanteil der Spezies i	
Y	Massenbruch	

y	Abstand zwischen den Brennerplatten	m
Z	Mischungsbruch	
α	Reaktionswahrscheinlichkeit	
δ	Koeffizient der Stoßverschiebung	$\mathrm{cm}^{-1}\ \mathrm{bar}^{-1}$
$\Delta\tilde{\nu}$	Bandbreite	cm^{-1}
$\Delta\tilde{\nu}_C$	Stoßverbreiterung	cm^{-1}
$\Delta\tilde{\nu}_D$	Dopplerverbreiterung	cm^{-1}
$\Delta\tilde{\nu}_N$	natürliche Linienbreite	cm^{-1}
$\Delta\tilde{\nu}_S$	Stoßverschiebung	cm^{-1}
ϵ	Emissionsvermögen	
η	Ähnlichkeitskoordinate	
γ	Koeffizient der Stoßverbreiterung	$\mathrm{cm}^{-1}\ \mathrm{bar}^{-1}$
λ	Wellenlänge	m
Λ	Quantenzahl	
μ	dynamische Viskosität	$\mathrm{kg\ m}^{-1}\ \mathrm{s}^{-1}$
ν	Frequenz	s^{-1}
ν	kinematische Viskosität	$\mathrm{m}^2\ \mathrm{s}^{-1}$
$\bar{\nu}$	Wellenzahl	cm^{-1}
Ω	Quantenzahl	
ρ	Dichte des Rußes	$\mathrm{kg\ m}^{-3}$
σ	Standardabweichung	
σ	Absorptionsquerschnitt	m^2
Σ	Quantenzahl	
τ	Lebensdauer	s
τ	Transmissionsgrad	
Φ	Stromfunktion	$\mathrm{kg\ m}^{-1}\ \mathrm{s}^{-1}$
ψ	Stromfunktion	$\mathrm{m}^2\ \mathrm{s}^{-1}$

Indizes

el	elektronischer Anteil
i	Spezies
i	oberer Energiezustand
$'$	oberer Energiezustand
j	unterer Energiezustand
$''$	unterer Energiezustand
L	für eine Spektrallinie
L	Laser

rad	Strahlung
rot	Rotationsanteil
s	schwarzer Strahler
s	Feststoff
sat	Sättigung
$trans$	Translation
vib	Schwingungsanteil
λ	spektrale Größe

1 Einleitung

Verbrennung ist in unserer Welt alltäglich. Der Großteil unserer Energieversorgung basiert darauf und viele technische und chemische Prozesse wären ohne sie nicht möglich. So einfach sie uns erscheint, so vielfältig ist sie doch, begonnen mit den verschiedenen Brennstoffen, dem Prozess der Verbrennung selbst und schließlich der Abgas- und Schadstoffproblematik. Diese Komplexität gilt es immer weiter zu verstehen, um die vorhandenen Ressourcen besser zu nutzen und die Umwelt zu schonen. Selbst kleine Optimierungen können wegen der immensen Bedeutung der Verbrennung in der Summe einen großen Effekt erzielen und zu einem großen volkswirtschaftlichen Nutzen führen.

Ein Beispiel dafür ist die Ablösung der Vorkammereinspritzung bei Dieselmotoren durch die Direkteinspritzung mittels Pumpe-Düse- oder Common-Rail-Verfahren. Durch geringere Druckverluste und Wärmeverluste ermöglicht die direkte Einspritzung einen Verbrauchsvorteil von 5 bis 10 % [1]. Zusätzlich bietet die Direkteinspritzung mit Hochdruckverfahren die Möglichkeit, den Einspritzverlauf flexibel zu gestalten. Durch optimierte Vor-, Haupt- und Nacheinspritzung kann der Verbrennungsverlauf so gestaltet werden, dass die Abgasemissionen bestmöglich verringert werden. Allein durch die Verbesserung der motorischen Verbrennung kann von Diesel-PKW die Abgasnorm EURO 3 und teilweise auch EURO 4 eingehalten werden. Ab EURO 3 wurde mit 500 mg/km ein eigener Grenzwert für Stickstoffoxide eingeführt, der für die Stufe EURO 4 um 50 % gegenüber EURO 3 verringert wurde. Mit den Grenzwertstufen EURO 5 und EURO 6 werden bei den Diesel-Pkw die Grenzwerte für Stickstoffoxide auf bis zu 80 mg/km (EURO 6) gesenkt. Auch die Emission der Partikelmasse ist limitiert. Sie wurde wurden von 50 mg/km (EURO 3) auf 25 mg/km (EURO 4) abgesenkt. Bei Stufe EURO 5 und EURO 6 erfolgt eine weitere Reduzierung auf 4,5 mg/km. Zusätzlich kommt ab EURO 5 eine Begrenzung der Partikelanzahl hinzu [2]. Bei etwa 12,5 Millionen Diesel PKW in der Bundesrepublik Deutschland führt dies zu einer deutlichen Reduzierung der emittierten Abgase bei Neufahrzeugen [3].

1.1 Motivation

Bei der Verbrennung von Kohlenwasserstoffen entstehen neben den Reaktionsprodukten der vollständigen Verbrennung – Kohlendioxid und Wasser – immer auch Verbrennungsprodukte, die oft Schadstoffe für die Umwelt darstellen. Diese zu reduzieren ist ein wichtiges Ziel der Verbrennungsforschung. Zu der Gruppe der Hauptschadstoffe bei der Verbrennung von Kohlenwasserstoffen gehören einerseits Partikel wie Ruß, andererseits Abgase wie Stickoxide, Kohlenstoffmonoxid und unverbrannte Kohlenwasserstoffe. Im Gegensatz zu diesen gesundheitsschädlichen Stoffen wird das für den Treibhauseffekt mitverantwortliche Kohlenstoffdioxid nicht als Schadstoff angesehen, da es keine direkte Gefahr für die Gesundheit des Menschen darstellt. Es tritt bei jeder vollständigen Oxidation eines Kohlenwasserstoffs als Endprodukt auf und kann nur durch Verbrauchsreduzierung oder einen anderen Brennstoff verringert werden [1].

In der öffentlichen Diskussion befindet sich aktuell Ruß, der als Bestandteil des Feinstaubs zur Belastung der Umwelt beiträgt und als karzinogen eingestuft wird [4]. Auch Stickoxide, die im Kontext Verbrennung die dominierenden Verbindungen Stickstoffmonoxid und Stickstoffdioxid begrifflich zusammenfassen, belasten die Umwelt. Sie entstehen bei der Verbrennung hauptsächlich aus Luftstickstoff und spielen bei der Bildung von saurem Regen und photochemischem Smog eine wichtige Rolle. Die Ruß- und NO_x-Problematik tritt gekoppelt als sogenannte Ruß-NO_x-Schere etwa bei der dieselmotorischen Verbrennung auf, ist aber nicht auf diese begrenzt. Sie ist auch Diskussionsgegenstand etwa bei der Verbrennung in Gasturbinenbrennkammern und in Industriefeuerungen.

Der Grad der Emission unterliegt zunehmend Beschränkungen, die in immer schärferen Umweltvorschriften resultieren. Um hier durch Veränderung der Verbrennungs- und Temperaturführung und durch angepasste Mischung der Ausgangsstoffe eine optimale Wirkung erreichen zu können, ist es notwendig, die grundlegenden Vorgänge der Verbrennung, die einerseits physikalischer Art sind, wie z.B. Wärme- und Stofftransport, Thermodynamik und Fluidmechanik, andererseits aber auch chemische Reaktionen darstellen, besser zu verstehen. Dazu kommt, dass diese Prozesse miteinander wechselwirken, was das System sehr komplex werden lässt.

Bei der Suche nach Lösungen für die Verbrennungsprobleme stehen mehrere Möglichkeiten zur Verfügung: theoretische und numerische Methoden einerseits und Experimente andererseits. Eine effiziente Art, Verbrennungsvorgänge besser verstehen zu lernen, ist die Kombination von Theorie und Experiment. Jedes Modell sollte anhand von experimentellen Daten validiert werden, bevor es zur Vorhersage und Ableitung der Auswirkung von Parametern der Verbrennung genutzt wird. Danach kann das Modell helfen, beobachtete Phänomene der Verbrennung zu interpretieren und zu verstehen, Vorhersagen über die Auswirkung von Eingriffen abzuleiten, Verbrennungsexperimente zu optimieren und sogar teilweise zu ersetzen [5].

1.2 Zielsetzung

Die detaillierte Beschreibung von Verbrennungsprozessen beinhaltet eine Vielzahl an Parametern, wie die Kinetik und Thermodynamik chemischer Reaktionen. Dazu kommen Feststoffe, wie Ruß, deren Bildung und Oxidation beschrieben werden muss. All diese Prozesse und Parameter wiederum sind unter anderem abhängig von Temperatur und Druck in der Flamme. Die Abhängigkeiten untereinander sind schwer zu fassen, aber unter Umständen entscheidend für den Verbrennungsablauf. Aus einer Vielzahl an Untersuchungen liegen Modelle vor, die es ermöglichen, Flammen zu beschreiben und die ablaufenden Prozesse zu verstehen. Dieses Bild ist aber bei weitem nicht komplett, sodass es weiterhin nötig ist, aus experimentellen und theoretischen Arbeiten neue Informationen über die Verbrennung und die mit ihr gekoppelten Abläufe zu gewinnen. Jede zusätzliche Beschreibung der Verbrennung verbessert das Verständnis der Vorgänge in einer Flamme und ist so Grundlage für eine weitere Verbesserung der mathematischen Modelle. Mit Hilfe zuverlässiger Modelle bietet sich die Möglichkeit, komplexe Verbrennungsvorgänge, die nicht mehr experimentell oder nur noch mit außerordentlichem Aufwand zugänglich sind, zu untersuchen und zu verbessern. Dies ist in Zeiten knapper Ressourcen oberstes Ziel.

Ziel dieser Arbeit ist es, heterogene Reaktionen von Stickoxiden in Flammen näher zu verstehen. Über die homogenen Gasphasenreaktionen stickstoffhaltiger Spezies, die bereits in Verbrennungmodellen implementiert sind, hinaus, soll die Auswirkung von Stickoxiden auf rußende Flammen und damit die heterogene Wechselwirkung zwischen Ruß und Stickoxiden untersucht werden. Ruß und NO_x zeigen bei der Verbrennung ein gegenläufigen Verhalten, das als Ruß-NO_x-Schere bezeichnet wird. Es führt dazu, dass Verbrennungsbedingungen, die sich günstig auf die Stickoxid-Emission auswirken, oft den Rußausstoß verstärken, und umgekehrt. Aus diesem Grund besteht ein großes Interesse daran, Verbrennungsvorgänge hinsichtlich der Ruß- und NO_x-Reaktionen optimieren zu können.

Um Wechselwirkungen zwischen Ruß und NO aufdecken zu können, untersucht diese Arbeit experimentell die Auswirkung der beiden Reaktionspartner aufeinander. Dazu werden Messanordnungen entwickelt, die es ermöglichen, rußende Flammen hinsichtlich des Verhaltens von Ruß und NO in situ zu untersuchen. Die Ergebnisse der Experimente sind Grundlage für die Adaption heterogener Reaktionen von Ruß mit Stickoxiden in ein mathematisches Modell der Verbrennung.

Laminare, vorgemischte Unterdruckflammen bieten durch ihre Struktur eine sinnvolle Grundlage für die notwendigen berührungslosen Messverfahren. Es soll einzig auf optische Verfahren zurückgegriffen werden, um eine Veränderung der Flamme, wie sie bei berührenden Messverfahren auftritt, effektiv zu verhindern. Laserspektroskopische Verfahren ermöglichen darüber hinaus die in situ-Messung der Parameter, sodass etwa Veränderungen der Spezies durch Transport oder Verweildauer in Probeentnahmesystemen ausgeschlossen werden können. Durch die Anwendung unterschiedlicher laserspektroskopischer Verfahren, ist es möglich, unterschiedlichste Eigenschaften der Flammen zu messen. So sollen Profile der Spezieskonzentrationen von Ruß und NO gemessen werden, sowie ein räumlich aufgelöstes Profil der Temperatur der Flamme.

Anhand der Messergebnisse soll eine mathematische Beschreibung gefunden werden, die die Simulation von Flammen um die heterogene Reaktion von Ruß mit NO erweitert. Der Arbeit liegt die mathematische Formulierung eines Verbrennungsmodells zu Grunde, das immer wieder verbessert wurde und das ständig dem aktuellen Stand der Forschung angepasst wird. Beispielhaft für die Beschreibung des Modells sei BOCKHORN [6] genannt. Das Modell berücksichtigt neben den Gasphasenreaktionen auch die Bildung von Ruß und dessen Abbau, indem etwa PAK-Reaktionen implementiert sind. Die Rußteilchengrößenverteilung, die wichtig für heterogene Reaktionen ist, wird über die Momentenmethode beschrieben. Das Modell ist für unterschiedlichste Flammen validiert, unter anderem für laminare, vorgemischte Flammen und laminare Gegenstromdiffusionsflammen.

2 Theoretische Grundlagen der Verbrennung

2.1 Flamme und Rußbildung

Bei der Verbrennung reagiert eine Substanz, der Brennstoff, chemisch mit Sauerstoff unter Abgabe von Energie. In einer Flamme wird dabei Wärme und Licht freigesetzt. Die verbrannte Substanz kann fest (z.B. Holz, Kohle), flüssig (z.B. Benzin, Alkohol), flüssig werdend (z.B. Wachs) oder gasförmig (z.B. Methan, Erdgas) sein. Es kann nur dann zur Oxidation kommen, wenn ein einzelnes Atom oder Molekül des Brennstoffs mit Sauerstoff in direkten Kontakt kommt. Daher ist für die Geschwindigkeit der Verbrennung die Verfügbarkeit von Sauerstoff und sein inniger Kontakt mit dem Brennstoff maßgeblich [5].

Bei der Verbrennung werden zwei grundlegende Flammentypen unterschieden, nämlich vorgemischte Flammen, bei denen Brennstoff und Sauerstoff zuerst vermischt und dann verbrannt werden und nicht-vorgemischte Flammen oder Diffusionsflammen, bei denen Mischung und Verbrennung gleichzeitig abläuft. Darüber hinaus können diese beiden Flammentypen weiter unterteilt werden. Charakterisierend ist dann die Art der Strömung der Flammengase. Sowohl bei der vorgemischten, als auch bei der nicht-vorgemischten Verbrennung wird in laminare und turbulente Flammen unterschieden. Die einfachste Beschreibung ist dann möglich, wenn Brennstoff und Oxidationsmittel bereits vor der Verbrennung homogen vorgemischt sind und wenn sich die Strömung laminar verhält. Laminare Flammenfronten werden zur Validierung von Reaktionsmechanismen herangezogen und dienen für verschiedene Modelle als Grundlage der turbulenten Verbrennung [7, 8]. Der Fokus dieser Arbeit liegt aus diesen Gründen auf der Untersuchung laminarer Vormischflammen.

In Abhängigkeit vom Verhältnis Brennstoff zu Oxidationsmittel werden Flammen als stöchiometrisch, fett (Überschuss an Brennstoff) oder mager (Überschuss an Oxidationsmittel) bezeichnet. Unter fetten, brennstoffreichen Flammenbedingungen bilden sich polyzyklische aromatische Kohlenwasserstoffe (PAKs) und Ruß. Bei der Verbrennung in stickstoffhaltiger Umgebung kommt es in Zonen hoher Temperatur zur Bildung von Stickoxiden, die als NO_x bezeichnet werden. Ruß bzw. PAKs und Stickoxide stellen die Hauptschadstoffe dar, die bei der Verbrennung entstehen [1]. Ihre Interaktion soll in dieser Arbeit mittels laserspektroskopischer Methoden und mathematischer Modellierung näher untersucht werden.

Die Rußbildung ist ein hochkomplexer Prozess, der die Umwandlung eines Kohlenwasserstoffmoleküls, das einige wenige Kohlenstoffatome enthält, in ein kohlenstoffhaltiges Agglomerat, den Ruß, beinhaltet. Ein Rußpartikel enthält einige Millionen von Kohlenstoffatomen. Diese Umwandlung ist ein Übergang vom Gas zum Feststoff, bei dem der gebildete Feststoff wiederum ein inhomogenes räumliches Gebilde ist, mit entsprechend undefinierten chemischen und physikalischen Eigenschaften. Aus diesem Grund umfasst die Simulation der Rußbildung ein komplexes System an chemischen Reaktionen und physikalischen Prozessen [6]. Schematisch ist der Prozess der Rußbildung in Abbildung 2.1 dargestellt.

Die Rußbildung ist abhängig von den Konzentrationen einer Vielzahl chemischer Spezies, wobei sowohl Oxidation als auch Pyrolyse berücksichtigt werden muss. Für laminare Vormischflammen ist die Rußbildung gut untersucht [6]. Die Vorgänge in der Flamme werden hier kurz umrissen: Wenige Millimeter über dem Brenner steigt die Temperatur der Flamme, ausgehend von der Temperatur der Frischgase, aufgrund der chemischen Reaktionen stark an. Nach Durchlaufen eines Maximus fällt sie aufgrund von Wärmeverlusten wieder ab. In der Zone großer Temperaturgradienten nahe der Brenneroberfläche steigt auch die Partikelanzahldichte des Rußes stark an, fällt danach aber wieder sehr schnell ab. Die Abnahme der Partikelanzahldichte ist auf Koagulation und Partikelwachstum durch heterogene Oberflächenreaktionen zurückzuführen. Durch die laminare Strömung kommt es zu keiner horizontalen und vertikalen Durchmischung der Gasströmung, sodass die einzelnen Bereiche der Verbrennung entsprechend ihrem zeitlichen Ablauf mit zunehmendem Abstand von der Brenneroberfläche zu finden sind. In vorgemischten Flammen befindet sich die Zone der Oxidationsreaktionen in einem geringen Abstand über der Brenneroberfläche. An sie grenzt der Bereich, in dem die Reaktionen des Oberflächenwachstums ablaufen. Der Rußvolumenbruch steigt mit zunehmendem Abstand vom Brenner stetig an [6].

In der Reaktionszone der Flamme sind sogenannte Rußvorläufer zu finden, polyzyklische aromatische Kohlenwasserstoffe (PAKs), die sich aus ungesättigten Kohlenwasserstoffen bilden, wenn diese eine ausreichende Anzahl an Kohlenstoffatomen aufweisen. Die anschließende Bildung größerer aromatischer Ring-

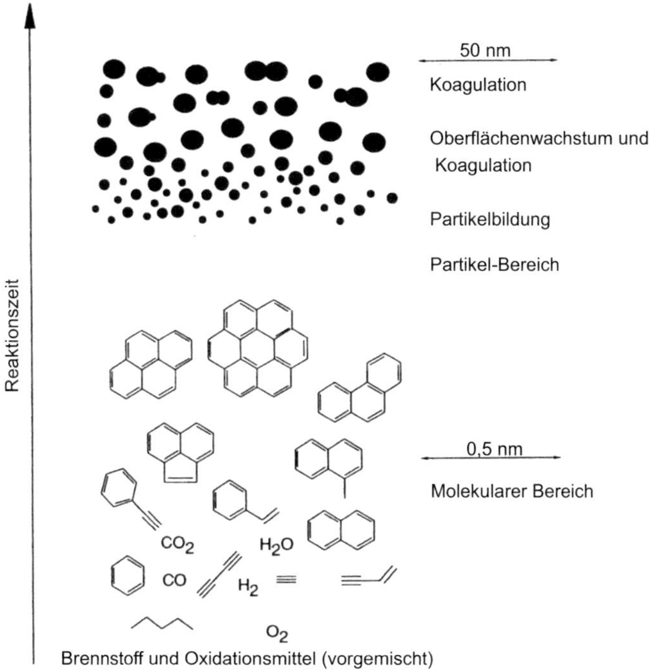

Abbildung 2.1: *Rußbildung [6]*

strukturen geschieht hauptsächlich über die Addition von Acetylen. Die Entstehung der ersten aromatischen Ringstrukturen, die sich auf molekularer Ebene abspielt, wird allgemein als Grundlage der Rußbildung betrachtet. Dieser Bereich der Verbrennung wird mit Hilfe eines Gasphasenmechanismus simuliert, der bis zu 100 Spezies und etwa 500 Reaktionen berücksichtigt [9].

Als erster Schritt der Rußbildung selbst wird die Zusammenlagerung von Molekülen zu teilchenartigen dreidimensionalen Strukturen, den sogenannten Primärpartikeln angesehen [6]. Diese Polymerisation von PAKs kann als Serie von Wasserstoffabstraktionsreaktionen und Kohlenstoffadditionen verstanden werden (HACA-Mechanismus, **H**ydrogen **A**bstraction and **C**arbon **A**ddition) [10]. Nach dieser Partikelneubildung folgt eine Zunahme der Partikelgröße zum einen durch Oberflächenwachstum, zum anderen durch Koagulation und Agglomeration. Die endgültige Rußkonzentration in einer Flamme basiert hauptsächlich auf Oberflächenwachstum, während die Koagulationsprozesse die endgültige Größe der Rußpartikel bedingen. Diese Vorgänge können nicht mehr als Gasphasenreaktionen von kleinen Molekülen behandelt werden, sondern es müssen heterogene Prozesse sowie Stoßprozesse berücksichtigt werden.

Konkurrierend zu diesen Rußbildungsprozessen ist es erforderlich, die Oxidation von Ruß zu berücksichtigen, die hauptsächlich auf OH und O_2 zurückzuführen ist. Eine detailliertere Beschreibung der Rußbildung findet sich bei BOCKHORN [6], WARNATZ [7] und APPEL [11].

2.2 Stickoxid-Bildung

Bei der technischen Verbrennung kommt als Oxidationsmittel üblicherweise kein reiner Sauerstoff, sondern Luft zum Einsatz. Brennt eine Flamme in stickstoffhaltiger Atmosphäre, so entstehen neben kohlenstoffhaltigen Schadstoffen auch Stickoxide, die ebenfalls als Schadstoffe eingestuft werden. Außer molekularem Stickstoff aus der Verbrennungsluft stellt auch brennstoffgebundener Stickstoff eine Stickstoffquelle dar [12]. Die Schadstoffgruppe der Stickoxide umfasst eine Vielzahl an chemischen Spezies. Bei der technischen Verbrennung spielt vor allem das auch als „nitrose Gase“ bezeichnete Gemisch aus Stickstoffmonoxid (NO) und Stickstoffdioxid (NO_2) eine Rolle, andere Stickoxidverbindungen liegen nur in sehr geringen Konzentrationen vor. Aus diesem Grund konzentrieren sich die weiteren Ausführungen auf diese beiden Verbindungen. Bei stickstofffreien Brennstoffen und Luft als Oxidationsmittel kommt es bei genügend hohen Temperaturen zum Angriff reaktiver Spezies an die Dreifachbindung des molekularen Stickstoffs. Für diesen Prozess und die darauf folgenden Reaktionen werden vier verschiedene Mechanismen beschrieben, deren Reaktionen simultan ablaufen. Man unterscheidet den Zeldovich-Mechanismus, den Mechanismus nach Fenimore, den Mechanismus der Distickstoffoxid-Reaktionen und den NNH-Radikal-Mechanismus. Diese werden im Folgenden näher beschrieben [7].

Thermisches NO

Die Bildung von thermischem NO wird durch die Reaktion von Sauerstoffatomen mit molekularem Luftstickstoff initiiert. Damit ist sie die Hauptquelle für die NO-Emission von Flammen mit Brennstoffen, die selbst keinen Stickstoff enthalten. Der geschwindigkeitsbestimmende Schritt ist das Aufbrechen der Dreifachbindung des Stickstoffs, das eine hohe Aktivierungsenergie benötigt und daher nur bei hohen Temperaturen ausreichend schnell abläuft. Somit kommt es nur im Bereich hoher Verbrennungstemperaturen bei genügend langer Reaktionszeit und unter leicht mageren Bedingungen zur Bildung von NO nach diesem Mechanismus, der aus diesem Grund als „thermische NO-Bildung“ bezeichnet wird [13].

Die Bildung von thermischem NO oder Zeldovich-NO [14] kann durch drei Elementarreaktionen beschrieben werden:

$$\mathrm{O + N_2 \rightleftharpoons NO + N} \tag{R1}$$

$$\mathrm{N + O_2 \rightleftharpoons NO + O} \tag{R2}$$

$$\mathrm{N + OH \rightleftharpoons NO + H} \tag{R3}$$

Die Reaktionen beinhalten die Radikale O und OH, die bei der Oxidation des Brennstoffes ebenfalls eine Rolle spielen. Deshalb ist es notwendig, die thermischen NO-Reaktionen mit dem Mechanismus für die Brennstoffoxidation zu koppeln [15].

Promptes NO

Der Mechanismus der Bildung von promptem NO, auch Fenimore-NO [16, 17] genannt, ist komplexer, als der des thermischen NOs. Die Bildung von NO ist hier an Kohlenwasserstoffradikale geknüpft, die unter fetten Verbrennungsbedingungen reichlich vorhanden sind. Sie reagieren mit Stickstoff weiter zu Cyanwasserstoff (HCN).

$$\mathrm{N_2 + CH \rightleftharpoons HCN + N} \tag{R4}$$

$$\mathrm{N_2 + CH_2 \rightleftharpoons HCN + NH} \tag{R5}$$

$$\mathrm{N_2 + C \rightleftharpoons CN + N} \tag{R6}$$

$$\mathrm{N_2 + C_2H \rightleftharpoons HCN + CN} \tag{R7}$$

Das dabei gebildete NH kann zu Stickstoffatomen weiterreagieren.

$$NH + OH \rightleftharpoons N + H_2O \tag{R8}$$

Die so gebildeten Stickstoffatome reagieren mit Sauerstoff oder OH-Radikalen zu NO.

Für die Entstehung von Cyanwasserstoff liegt ein weiterer Reaktionsweg vor, bei dem Stickstoffmonoxid und Kohlenwasserstoffradikale miteinander reagieren.

$$NO + CH_3 \rightleftharpoons CH_3NO \tag{R9}$$

Nach einer intramolekularen Wasserstoffumlagerung und anschließendem unimolekularen Zerfall bildet sich HCN.

$$CH_2NOH + M \rightleftharpoons HCN + H_2O + M \tag{R10}$$

Die so gebildeten Moleküle HCN und CN gehen bei der Verbrennung Reaktionen mit Sauerstoffatomen und Hydroxylradikalen ein und führen auf diese Weise zu Stickstoffoxiden.

Hier ist zum einen die Bildung von CH, bzw. anderer Kohlenwasserstoffradikale noch nicht ausreichend geklärt. Zum anderen finden sich auch für die Reaktion von CH mit N_2 keine ausreichenden Informationen über die Geschwindigkeitskoeffizienten, bzw. ihre Temperaturabhängigkeit.

Der Fenimore-Mechanismus ist stark vom Verhältnis Brennstoff zu Luft abhängig, sein Einfluss nimmt mit zunehmender Brennstoffkonzentration zu. Bei niedrigen Temperaturen und niedrigen Drücken läuft die NO-Bildung in Kohlenwasserstoffflammen hauptsächlich nach diesem Reaktionsmechanismus ab [15].

Distickstoffoxid-Mechanismus

Der Distickstoffoxid-Mechanismus läuft ähnlich dem thermischen Mechanismus ab. Auch bei diesem Mechanismus oxidieren Sauerstoffatome den molekularen Stickstoff. Es kommt hier allerdings nicht zum Aufbrechen der Dreifachbindung.

Der Distickstoffoxid-Mechanismus ist nur über die Stabilisierung durch ein inertes Molekül M möglich, das die hohe Energie des Sauerstoffs aufnimmt. Das Reaktionsprodukt ist N_2O.

$$N_2 + O + M \rightleftharpoons N_2O + M \tag{R11}$$

Das so gebildete N_2O reagiert unter Einwirkung eines weiteren Sauerstoffradikals zu NO.

$$N_2O + O \rightleftharpoons NO + NO \tag{R12}$$

$$N_2O + H \rightleftharpoons NO + NH \tag{R13}$$

Diese Reaktion wird oft nicht berücksichtigt, da angenommen wird, dass sie nur eine untergeordnete Rolle spielt. Sind die Flammenbedingungen allerdings mager, so fehlt CH und der Fenimore-NO-Mechanismus wird zurückgedrängt. Sind zusätzlich die Flammentemperaturen nicht ausreichend hoch, so ist auch die Bildung von thermischem NO unterdrückt. Die Aktivierungsenergie des N_2O-Mechanismus ist niedriger, als die des Zeldovich-Mechanismus, sodass dieser Reaktionspfad durch niedrige Flammentemperaturen weniger stark unterdrückt wird, als die Bildung von thermischem NO. Unter mageren Verbrennungsbedingungen und bei niedrigen Temperaturen ist der Distickstoffoxid-Reaktionsmechanismus als der NO-bildende anzusehen [7, 8].

NO-Bildung über das NNH-Radikal

Ein kleiner, aber durchaus zu berücksichtigender Anteil der NO-Bildung läuft über das NNH-Radikal ab. Dieses ergibt sich bei der Reaktion von molekularem Luftstickstoff N_2 mit dem Wasserstoffatom H. Danach kann das NNH-Radikal oxidiert werden.

$$NNH + O \rightleftharpoons NO + NH \tag{R14}$$

Unter mageren, vorgemischten Bedingungen wird NH weiter zu NO oxidiert, womit ein NNH-Radikal zur Bildung von zwei NO-Molekülen führt [8].

2.3 Ruß-NO-Reaktionen

Ruß und Stickoxide treten beide, teilweise aneinander gekoppelt, als Verbrennungsschadstoffe auf. Die gezielte Verringerung des Ausstoßes beider Schadstoffe würde Verbrennungsvorgänge hinsichtlich der Emission deutlich verbessern. Aus diesem Grund ist es Ziel dieser Arbeit, die Wechselwirkung von Ruß und Stickstoffmonoxid in der Flamme zu untersuchen.

2.3.1 Homogene Reaktionen

Ruß enthält zu einem großen Teil polyzyklische aromatische Kohlenwasserstoffe. Demzufolge ist die Vermutung gerechtfertigt, dass die chemischen Reaktionen an der Oberfläche der Rußpartikel das gleiche oder zumindest ein ähnliches Verhalten zeigen, wie die von polyzyklischen aromatischen Kohlenwasserstoffen in der Gasphase. Daraus ergibt sich als erster Schritt zur Untersuchung der Reduktion von Stickoxiden mit Ruß die Annahme, dass Kohlenwasserstoffe als Sekundärbrennstoff fungieren. Diese Reaktionen werden Reburning genannt. Sie beruhen auf Reaktionen von Kohlenwasserstoffradikalen mit Stickstoffmonoxid unter Bildung von Cyanwasserstoff (vgl. Kapitel 2.2). Cyanwasserstoff kann dann mit den in der Flamme vorhandenen Radikalen, wie z.B. H oder O reagieren und dabei NH-Radikale bilden.

Eingeleitet wird die NO-Reduktion durch die Reaktion

$$\mathrm{CH}_i + \mathrm{NO} \rightleftharpoons \mathrm{HCN} + \mathrm{OH}_{i-1}\ . \tag{R15}$$

Hierbei können CH, $\mathrm{CH_2}$ und $\mathrm{CH_3}$ mit NO reagieren.

Die Reaktion

$$\mathrm{NO} + \mathrm{CHCO} \rightleftharpoons \mathrm{HCNO} + \mathrm{CO} \tag{R16}$$

trägt ebenfalls zum Abbau von NO bei, da HCNO weiter zu HCN reduziert wird, der über verschiedene Reaktionswege weiter reagiert.

$$\mathrm{HCN} + \mathrm{O} \rightleftharpoons \mathrm{NCO} + \mathrm{H} \tag{R17}$$

$$\mathrm{NCO} + \mathrm{H} \rightleftharpoons \mathrm{NH} + \mathrm{CO} \tag{R18}$$

$$HCN + O \rightleftharpoons NH + CO \tag{R19}$$

Die NH-Radikale wiederum bilden Distickstoffmonoxid, welches das eigentlich reduzierte Molekül darstellt.

$$NO + NH \rightleftharpoons N_2O + H \tag{R20}$$

Mit Wasserstoffatomen und Hydroxylradikalen kann N_2O zu molekularem Stickstoff umgewandelt werden.

$$N_2O + H \rightleftharpoons N_2 + OH \tag{R21}$$

$$N_2O + OH \rightleftharpoons N_2 + HO_2 \tag{R22}$$

Angewandt wird der Reburn-Prozess, der in Abbildung 2.2 schematisch dargestellt ist, bei der industriellen Verbrennung als eine Möglichkeit, die Stickoxidemissionen bei der Verbrennung von gasförmigen, flüssigen oder auch festen Brennstoffen zu reduzieren. Mittels Brennstoffstufung werden Bereiche mit unterschiedlichem Brennstoff-Luft-Verhältnis im Brenner und in der Nachverbrennungszone geschaffen. Der erste Schritt der Verbrennung erfolgt unter mageren Bedingungen (brennstoffarm). In einer nachfolgenden zweiten Verbrennungsstufe, der Nachverbrennungszone, reagieren die Rauchgase und die darin enthaltenen Stickoxide unter fetten Bedingungen (brennstoffreich) weiter. Die Stickoxide werden durch Reaktionen mit Kohlenwasserstoffradikalen zu molekularem Stickstoff reduziert. In einer dritten Stufe erfolgt unter Luftüberschuss der vollständige Ausbrand.

Die Chemie der homogenen NO-Reaktionen ist hier nur kurz zusammengefasst. Die Verbrennungsreaktionen von NO sind beispielsweise von Dean und Bozzelli [18] beschrieben. Auch die entsprechenden Geschwindigkeitskoeffizienten finden sich dort.

2.3.2 Heterogene Reaktionen

Das System Ruß-NO stellt keine physikalisch und chemisch einheitliche Phase dar. Ruß als Feststoff und NO als Gas bilden ein heterogenes Reaktionssystem mit außerordentlich komplexen Wechselwirkungen. Über die Reaktionen von

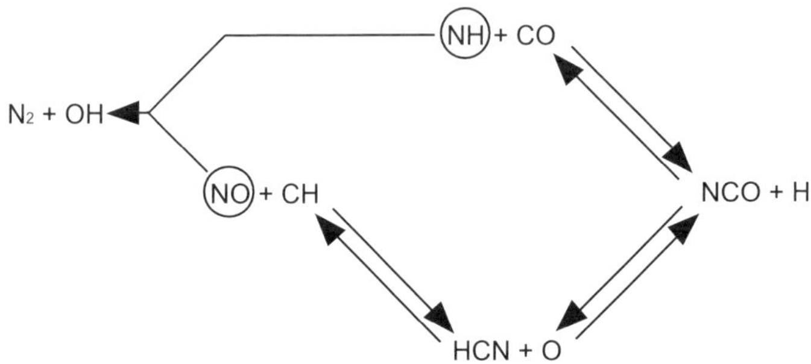

Abbildung 2.2: *Reburn-Mechanismus [15]*

Kohlenstoff und NO ist intensiv geforscht worden, z.B. [19–22]. Für die Beschreibung der heterogenen Ruß-NO-Reaktionen liegt aber nur eine kleine Anzahl an Arbeiten vor. ROTH ET AL. [23] beschreibt die heterogene Reaktion von NO mit Ruß als eine Oberflächenreaktion, bei der Ruß an der Partikeoberfläche durch NO oxidiert wird.

$$C_s + NO \rightarrow CO + 1/2\ N_2 \tag{R23}$$

Diese Reaktionsgleichung wird allgemein für die Oberflächenreaktion von NO mit Kohlenstoff formuliert, unabhängig von der Kohlenstoffquelle. Ihre Reaktionsgeschwindigkeit ist aber in hohem Maße von der Art des Kohlenstoffs und den Reaktionsbedingungen abhängig. Dieser Reaktion kommt ein großes Interesse zu, da hier der Schadstoff NO zur Oxidation des Schadstoffes Ruß beiträgt.

3 Theoretische Grundlagen der Messmethoden

Die hier zu untersuchenden Eigenschaften der Flammen erfordern berührungslose Messverfahren. Jede Berührung der Flamme, etwa mit einer Sonde oder einem Thermoelement, verändert diese, indem etwa die Strömung gestört oder die Temperatur beeinflusst wird. Optische Verfahren bieten die Möglichkeit, mit hoher örtlicher sowie zeitlicher Auflösung verschiedene Parameter der Flamme selektiv zu messen, ohne Einfluss auf die Flamme zu nehmen. In dieser Arbeit kommt zum einen eine Messtechnik zum Einsatz, die die Luminiszenz der Flamme selbst ausnützt. Zum anderen werden zwei laserspektroskopische Messverfahren eingesetzt, die es ermöglichen, mit hoher räumlicher Auflösung Spezieskonzentrationen in der Flamme zu messen. Den eingesetzten Messtechniken liegen also verschiedene physikalische Prozesse zu Grunde. Die Auswahl der Messtechniken ist abhängig von der zu untersuchenden physikalischen Größe und von den Flammenbedingungen.

Extinktionsmessungen beruhen auf der Absorption und Streuung von Strahlung bei der Durchquerung einer Teilchenwolke. Mit ihrer Hilfe ist es möglich, ein Profil der Rußkonzentration der Flamme in Abhängigkeit vom Abstand zur Brenneroberfläche zu messen.

Die Absorption von Strahlung durch NO-Moleküle basiert auf quantenoptischen Prozessen. Hier wird die wellenlängenabhängige Absorption von Strahlung zur Messung der Konzentration von Stickstoffmonoxid in der Flamme, sowie zur Messung der Flammentemperatur genutzt. Auch bei dieser Methode ist eine räumliche Auflösung über der Höhe möglich.

Weiterhin wird der Effekt der Wärmestrahlung genutzt. Ihr spektraler Verlauf ist abhängig von der Temperatur des strahlenden Körpers und ermöglicht dadurch die Messung der Temperatur, in diesem Fall der heißen Rußpartikel.

3.1 Extinktion

Die Extinktion, also Abschwächung von Strahlung durch Partikel, kann mit Hilfe des Lambert - Beerschen Gesetztes (Gleichung 3.1) beschrieben werden. Dieses setzt die Strahlungsintensitäten vor (I_0) und nach (I) der Abschwächung zueinander ins Verhältnis [24]:

$$\tau = \frac{I}{I_0} = \exp\left(-\int_0^L k_{ext}^{\lambda}(x)\,dx\right) . \tag{3.1}$$

$k_{ext}^{\lambda}(x)$ bezeichnet den wellenlängen- und ortsabhängigen Extinktionskoeffizienten, L die optische Weglänge. Bei laminaren Vormischflammen wird von der Annahme ausgegangen, dass in radialer Richtung keine Gradienten vorliegen, die Rußkonzentration also in Durchstrahlrichtung konstant ist. Liegen entlang der optischen Weglänge keine Gradienten vor, so vereinfacht sich Gleichung 3.1. Es gilt:

$$\frac{I}{I_0} = \exp\left(-k_{ext}^{\lambda}\cdot L\right) . \tag{3.2}$$

Der Extinktionskoeffizient berechnet sich aus der Teilchenzahldichte N_T und dem mittleren Extinktionsquerschnitt $\overline{C}_{ext}$. Dieser ergibt sich aus der Integration des teilchengrößenabhängigen Extinktionsquerschnitts C_{ext} über der Größenverteilung des Partikelensembles $p(r)$ mit dem Partikelradius r:

$$k_{ext}^{\lambda} = N_T\cdot\overline{C}_{ext} = N_T\cdot\int_0^{\infty} C_{ext}(r)\cdot p(r)\,dr . \tag{3.3}$$

Der Extinktionsquerschnitt C_{ext} berechnet sich aus der Summe der Querschnitte für die Absorption C_{abs} und die integrale Streuung C_{sca} und ist nach [25] eine Funktion des Realteils der Mie-Koeffizienten a_n und b_n:

$$C_{ext} = C_{abs} + C_{sca} = \frac{\lambda^2}{2\pi}\cdot\sum_{n=1}^{\infty}(2n+1)\cdot\mathcal{R}e(a_n+b_n) . \tag{3.4}$$

Für kleine Teilchen im Rayleigh-Bereich ($r < 25$ nm) [26] kann die Reihenentwicklung nach dem ersten Glied abgebrochen werden. Damit wird

$$C_{ext}(r) = -\frac{8\pi^2}{\lambda} \cdot \mathcal{I}m\left(\frac{m^2-1}{m^2+2}\right) \cdot r^3 \ , \tag{3.5}$$

wobei m den komplexen Brechungsindex bezeichnet. Für den Extinktionskoeffizienten folgt dann:

$$k_{ext}^{\lambda} = -\frac{8\pi^2}{\lambda} \cdot \mathcal{I}m\left(\frac{m^2-1}{m^2+2}\right) \cdot N_T \cdot \int_0^{\infty} r^3 \cdot p(r)\, dr \ . \tag{3.6}$$

Damit ist der Extinktionskoeffizient k_{ext}^{λ} dem dritten Moment der Verteilung des Teilchenradius der Rußpartikel proportional.

Die Größenverteilung der Rußpartikel wird als logarithmisch normalverteilt angenommen. Untersuchungen an rußenden Kohlenwasserstoffflammen [27] haben gezeigt, dass diese Näherung für große Teilchenzahldichten in Analogie zu koagulierenden Aerosolen [28, 29] zutreffend ist. In diesem Fall ist die Größenverteilung der Rußpartikel gegeben durch:

$$p(r) = \frac{1}{\sqrt{2\pi} \cdot \sigma \cdot r} \cdot \exp\left(-\frac{1}{2} \cdot \frac{(\ln\, r - \ln\, r_m)^2}{\sigma^2}\right) . \tag{3.7}$$

Der Partikelradius wird mit r bezeichnet, σ ist die Standardabweichung der Verteilung und r_m der Medianwert des Teilchenradius.

Zur Bestimmung des n-ten Moments der Verteilung wird r^n über diese Verteilung integriert:

$$\int_0^{\infty} r^n \cdot p(r) \cdot dr = r_m^n \cdot \exp\left(\frac{\sigma^2 \cdot n^2}{2}\right) . \tag{3.8}$$

Damit ergibt sich für den Extinktionskoeffizienten aus Gleichung 3.6 mit dem dritten Moment der Partikelgrößenverteilung, also $n = 3$ in Gleichung 3.8:

$$k_{ext}^{\lambda} = -\frac{8\pi^2}{\lambda} \cdot \mathcal{I}m\left(\frac{m^2-1}{m^2+2}\right) \cdot r_m^3 \cdot \exp\left(\frac{9}{2}\,\sigma^2\right) \cdot N_T \,. \tag{3.9}$$

Der Rußvolumenbruch, der das Verhältnis von dem Volumen der Rußpartikel zum Gesamtvolumen angibt, wird wie folgt berechnet:

$$f_V = N_T \cdot \frac{4}{3}\pi \cdot \int\limits_0^{\infty} r^3 \cdot p(r)\,dr \,. \tag{3.10}$$

Mit der Substitution von N_T gemäß Gleichung 3.6 wird der Rußvolumenbruch direkt aus dem Extinktionskeffizienten bestimmbar:

$$f_V = \frac{k_{ext}^{\lambda}}{\frac{6\pi}{\lambda} \cdot \mathcal{I}m\left(\frac{m^2-1}{m^2+2}\right)} \,. \tag{3.11}$$

3.2 Wärmestrahlung

Die Rußpartikel in einer Flamme senden, wie jeder Körper, aufgrund ihrer Temperatur eine charakteristische Wärmestrahlung aus. Diese wird mittels des Planckschen Strahlungsgesetzes beschrieben und lässt sich zur Bestimmung der Temperatur der Rußpartikel heranziehen. Das Plancksche Strahlungsgesetz (Gleichung 3.12) beschreibt die spektrale Strahlungsintensität eines schwarzen Strahlers I_s als Funktion der Temperatur T:

$$\begin{aligned} I_s(\lambda, T) &= \frac{2\,\pi\,h\,c^2}{\lambda^5} \cdot \frac{1}{\exp[h\,c/(\lambda\,k_B\,T)] - 1} \\ &\approx \frac{2\,\pi\,h\,c^2}{\lambda^5} \cdot \frac{1}{\exp[h\,c/(\lambda\,k_B\,T)]} \,. \end{aligned} \tag{3.12}$$

h bezeichnet das Plancksche Wirkungsquantum, c die Lichtgeschwindigkeit und k_B die Boltzmann-Konstante. λ ist die Wellenlänge der emittierten Strahlung. Die angegebene Näherung für I_s gilt für $exp(hc/(k_B\,\lambda\,T)) \gg 1$ und ist für die hier betrachteten Wellenlängen und Temperaturen zulässig [30, 31].

Im Fall von Ruß muss allerdings berücksichtigt werden, dass es sich hierbei nicht um einen idealen schwarzen Strahler handelt, sondern um einen sogenannten grauen Strahler, der auch einen Teil der Strahlung transmittiert und reflektiert. Daher muss die Intensität der Strahlung um das Emissionsvermögen ϵ korrigiert werden [32]:

$$I(\lambda, T) = \epsilon \cdot I_s(\lambda, T) \ . \tag{3.13}$$

Über die Bestimmung der Intensitäten der Wärmestrahlung des Rußes bei zwei verschiedenen Wellenlängen kann mit Gleichung 3.12 und 3.13 die Temperatur der Rußpartikel ermittelt werden. Es gilt:

$$T = \frac{h\,c}{k_B} \frac{1/\lambda_2 \ - \ 1/\lambda_1}{\ln[(\lambda_1/\lambda_2)^5\,(I_{\lambda_1}/I_{\lambda_2})\,(\epsilon_2/\epsilon_1)]} \ . \tag{3.14}$$

Abbildung 3.1 zeigt den Einfluss der Temperatur auf den spektralen Verlauf der Strahlungsintensität gemäß Gleichung 3.12. Mit zunehmender Temperatur verschiebt sich das Maximum der Strahlung zu kürzeren Wellenlängen. Nach dem Wienschen Verschiebungsgesetz ist die Wellenlänge λ_{max}, bei der die maximale Energie abgestrahlt wird, umgekehrt proportional der absoluten Temperatur T [32]. Wird entsprechend Gleichung 3.14 bei zwei ausreichend verschiedenen Wellenlängen λ_1 und λ_2 das Verhältnis der Strahlungsintensitäten $I_{\lambda_1}/I_{\lambda_2}$ einer Temperatur gebildet, so weicht dieses Verhältnis für unterschiedliche Temperaturen deutlich voneinander ab. Hierauf basiert die Bestimmung der Flammentemperatur aus der Messung der spektralen Strahlungsintensität schwarzer oder grauer Strahler, die in der Flamme enthalten sind.

Für Partikel im Rayleigh-Bereich lässt sich das Emissionsvermögen mit Hilfe der Extinktion ausdrücken. Es gilt mit Gleichung 3.1 und 3.6:

$$\epsilon \approx 1 - \tau = 1 - \exp\left(\frac{6\,\pi\,f_V}{\lambda} \cdot Im\left(\frac{m^2 - 1}{m^2 + 2}\right) \cdot L\right) \ . \tag{3.15}$$

Für kleine Argumente ist es gerechtfertigt, die Exponentialfunktion durch die ersten beiden Glieder ihrer Taylorreihenentwicklung anzunähern. Mit dieser Vereinfachung kann das Verhältnis der Emissivitäten ausgedrückt werden als:

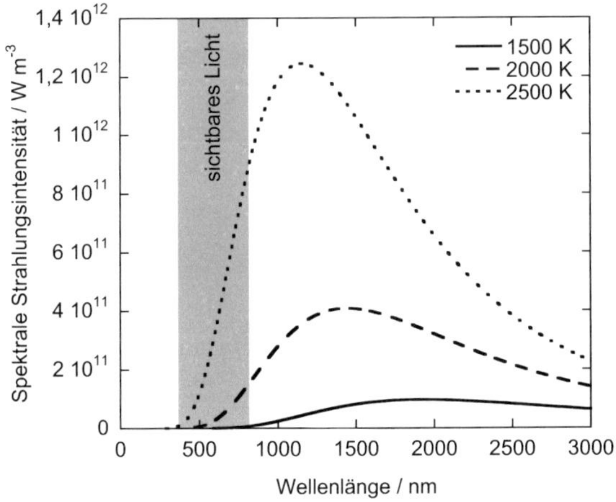

Abbildung 3.1: *Strahlungsintensität in Abhängigkeit von der Temperatur*

$$\frac{\epsilon_2}{\epsilon_1} = \frac{k_{ext}(\lambda_2)}{k_{ext}(\lambda_1)} = \frac{\lambda_1\, E(m_{\lambda_2})}{\lambda_2\, E(m_{\lambda_1})} \tag{3.16}$$

mit $E(m_\lambda) = Im\left(\frac{m^2-1}{m^2+2}\right)$.

Es muss darauf hingewiesen werden, dass der komplexe Brechungsindex m und damit auch $Im\left(\frac{m^2-1}{m^2+2}\right)$ Funktionen der Wellenlänge sind, in diesem Fall aber als konstant und unabhängig von der Wellenlänge betrachtet werden [31,33]. Damit vereinfacht sich Gleichung 3.16 zu:

$$\frac{\epsilon_2}{\epsilon_1} = \frac{\lambda_1}{\lambda_2}\,. \tag{3.17}$$

Für $E(m)$ gibt es in der Literatur unterschiedliche Angaben [31,33–35]. Um das Problem der Auswahl der hier gültigen Werte zu umgehen, kann das Detektionssystem auch mit Hilfe einer Wolframbandlampe kalibiert werden und Gleichung 3.14 zur Temperaturbestimmung herangezogen werden.

3.3 Absorption

Extinktion und Eigenleuchten sind beides Messtechniken, die das Vorhandensein von Partikeln in der Flamme voraussetzen. Sie sind somit geeignet, die Eigenschaften von Ruß in der Flamme zu untersuchen, nämlich mittels Extinktion die Konzentration und mittels Eigenleuchten die Temperatur der Rußpartikel. Die Eigenschaften der gasförmigen Anteile der Flamme können auf diese Weise nicht betrachtet werden. Zur Bestimmung der Konzentration von Stickstoffmonoxid in der Flamme wird eine Messtechnik herangezogen, die ebenfalls auf dem Lambert-Beerschen Gesetz beruht. Hier sind allerdings keine Oberflächeneffekte Ursache der Abschwächung der Strahlung, sondern molekulare Eigenschaften des Gases. Neben der Bestimmung der Konzentration ermöglicht die im folgenden beschriebene Absorptionsmesstechnik auch die Untersuchung der Gastemperatur.

Elektromagnetische Strahlung einer bestimmten Wellenlänge kann von den NO-Molekülen absorbiert werden. Dabei werden diese in elektronisch angeregte Zustände angehoben. Die Energieabgabe kann dann durch verschiedene Prozesse erfolgen, etwa durch Strahlung der eingestrahlten Wellenlänge oder durch Strahlung einer definierten anderen Wellenlänge. Auch Stoßprozesse der Teilchen können zur Energieabgabe beitragen. Dieser Effekt wird als Quenching bezeichnet. Abbildung 3.2 zeigt beispielhaft die auftretenden Prozesse der Energieaufnahme und -abgabe.

Diese Prozesse sind charakteristisch für jedes Molekül und hängen von der Energieänderung der Elektronenübergänge und Änderungen des Schwingungs- und Rotationszustandes ab. Diese wiederum sind abhängig von z.B. der Geometrie des Moleküls und den Bindungsstärken. Damit ergeben sich für jedes Molekül definierte Energieübergänge, die mittels Absorptions- oder Emissionsspektroskopie gemessen werden können. Dies ermöglicht die selektive Untersuchung einzelner Spezies etwa in einer Gasströmung [37].

3.3.1 Spektroskopische Grundlagen

Um die Vorgänge bei diesen Prozessen besser zu verstehen, ist es nötig, die molekülspektroskopischen Grundlagen der Absorption näher zu beleuchten.

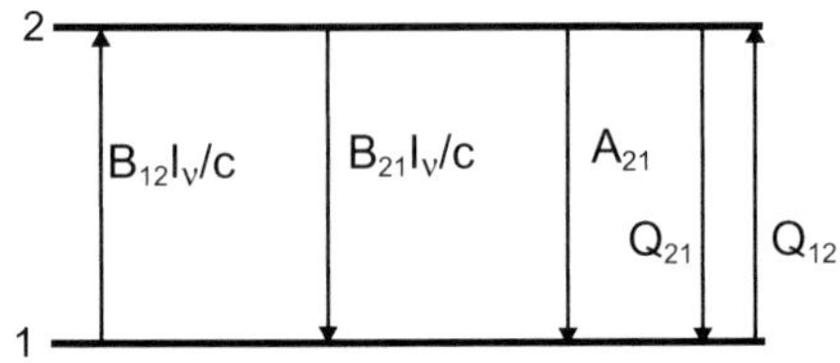

A_{21} :	Einsteinkoeffizient der spontanen Emission
B_{12} :	Einsteinkoeffizient der stimulierten Absorption
B_{21} :	Einsteinkoeffizient der induzierte Emission
Q_{21} :	Quenchrate
Q_{12} :	Stoßaktivierung
I_ν :	spektrale Einstrahlintensität
c :	Lichtgeschwindigkeit

Abbildung 3.2: *2-Niveau Modell [36]*

3.3.1.1 Energien

Zur Beschreibung des Energiezustandes eines Moleküls ist es möglich, diesen in verschiedene Einzel-Energiezustände aufzuspalten. Die drei verschiedenen Arten von Bewegung, in denen die Energie eines Moleküls enthalten ist, sind Translation, Schwingung und Rotation. Elektronen haben eine viel geringere Masse, als die Atomkerne. Aus diesem Grund kann der Energieinhalt eines Moleküls aufgeteilt werden in einen Anteil, der die Bewegung der Elektronen beschreibt und in einen, der die langsamere Bewegung der Kerne beschreibt. Die Kerne bewegen sich in einem Potentialfeld, das von der Bewegung der Elektronen aufgespannt wird. Die Bewegung der Kerne kann weiter differenziert werden in einen Schwingungsanteil und einen Rotationsanteil. Hinzu kommt, dass freie Elektronen einen Eigendrehimpuls besitzen, der Elektronenspin genannt wird. Die Energie eines Moleküls spaltet sich somit in vier Komponenten auf: die Translation, das Orbital bzw. die Wellenfunktion sowie der Spin der Elektronen, die Schwingung der Kerne zueinander und die Rotation des Moleküls senkrecht zu den Kernachsen. Damit gilt [36]:

$$E = E_{trans} + E_{el} + E_{vib} + E_{rot} \ . \tag{3.18}$$

E_{el} ist der elektronische Energieanteil, E_{vib} der Energieanteil der Schwingung der Kerne und E_{rot} der Energieanteil der Rotation. Diese Energiezustände sind alle gequantelt, sie können daher mit Hilfe von Quantenzahlen beschrieben werden.

Die Quantenzahlen spiegeln sich in der Bezeichnung der Molekülzustände wider. Die Messungen in dieser Arbeit beziehen sich alle auf Übergänge in den elektronischen Zuständen $X\,^2\Pi$ und $A\,^2\Sigma^+$, die auch NO γ-Banden genannt werden. Diese haben sich für die laserspektroskopische Untersuchung von NO in Flammen als sehr geeignet erwiesen und sind sowohl in der Anregung, als auch in der Detektion gut zugänglich [38–40].

$X\,^2\Pi_{1/2}$ bzw. $X\,^2\Pi_{3/2}$ charakterisiert den elektronischen Grundzustand X mit einem Bahndrehimpuls Λ von 1 und der Multiplizität $2S+1=2$ [41]. Der Spin S beträgt damit $1/2$ und das Molekül ist durch ein Doublett mit ungerader Elektronenanzahl charakterisiert. Die ungerade Elektronenanzahl wiederum bedingt einen halbzahligen Gesamtdrehimpuls Ω und eine halbzahlige Rotationsquantenzahl J. Für einen Gesamtdrehimpuls der Elektronen $\Omega > 0$ (in diesem Fall $1/2$ bzw. $3/2$) ergibt sich die elektronische Entartung zu $g_e = 2(2S+1) = 4$.

Der erste angeregte Zustand wird als $A\,^2\Sigma^+_{1/2}$ bzw. $A\,^2\Sigma^+_{-1/2}$ bezeichnet. Der Bahndrehimpuls Λ ist somit 0, hier tritt keine Aufspaltung der Energie auf. Der Spin S beträgt wieder $1/2$, das heißt es liegt auch im angeregten Zustand ein Doublettterm vor. Der Gesamtdrehimpuls Ω ist in diesem Fall nicht definiert, die Quantenzahl $\Sigma = S, S-1, S-2, \ldots, -S$ ergibt sich zu $-1/2$ und $1/2$. Für diesen Zustand stellt sich die Entartung als $g_e = 2S+1 = 2$ dar.

Die verschiedenen Drehimpulse im Molekül setzen sich zu einer Resultierenden zusammen, dem Gesamtdrehimpuls $\overrightarrow{J}$. Abhängig von der Art der Kopplung der Bahn- und Spin-Drehimpulsvektoren wird nach HUND in verschiedene Fälle unterschieden [41]. Der Hundsche Kopplungsfall a tritt bei kleiner Wechselwirkung zwischen der Molekülrotation und der Elektronenbewegung auf und ist dadurch charakterisiert, dass die Bahn- und Spin-Drehimpulsvektoren der Elektronen an die Molekülachse gebunden sind. Im Hundschen Kopplungsfall b ist der Spin-Drehimpulsvektor nur schwach oder überhaupt nicht an die Molekülachse gebunden. Der Bahndrehimpuls $\overrightarrow{L}$ koppelt zuerst an den Drehimpuls der Atomkerne $\overrightarrow{N}$ zu einem Drehimpuls $\overrightarrow{K}$. Der Spin-Drehimpuls koppelt dann mit $\overrightarrow{K}$ zum Gesamtdrehimpuls $\overrightarrow{J}$ [42].

Für den Fall, dass der Bahndrehimpuls $\Lambda = 0$ ist, liegt der Hundsche Kopplungsfall b vor, bei dem als weitere Quantenzahl K auftritt. Sie nimmt die Werte $K = \Lambda, \Lambda + 1, \Lambda + 2, \ldots$ an und gibt den Gesamtdrehimpuls abgesehen vom Spin an [41].

Bei dem Elektronenübergang $^2\Sigma$ – $^2\Pi$, zu dem auch die NO γ-Banden gehören, treten zwei unterschiedliche Arten von Zweigen auf. Dies beruht darauf, dass ein Zustand $^2\Pi$ sowohl dem Hundschen Kopplungsfall a, als auch dem Fall b angehören kann. Ein Zustand $^2\Sigma$ gehört dahingegen immer dem Fall b an. Für den Fall, dass ein $^2\Pi$-Zustand dem Hundschen Kopplungsfall a angehört, kommt es zu einer Aufspaltung in die P-, Q-, und R-Zweige, entsprechend den Übergängen ΔJ = -1, 0 und 1, die durch die Dublettaufspaltung jeweils doppelt vorliegen. Gehört im Gegensatz dazu ein $^2\Pi$-Zustand dem Kopplungsfall b an, so kommen zu den Hauptzweigen mit den Werten $\Delta J = \Delta K$ = -1, 0 bzw. 1 noch Satellitenzweige hinzu, bei denen $\Delta J \neq \Delta K$ ist. Diese werden als O-Zweig $(\Delta K = -2)$, bzw. als S-Zweig $(\Delta K = 2)$ bezeichnet.

Unter Beachtung der geltenden Auswahlregeln ergibt sich ein System von Übergängen, das in einem Termschema dargestellt werden kann. Tabelle 3.1 zeigt die 12 Zweige des NO $A - X$ Systems und gibt ihre Bezeichnung an, wie sie auch in dieser Arbeit Verwendung finden.

Der Energieanteil der Schwingung berechnet sich aus der Schwingungsquantenzahl des Moleküls. Hier werden die Schwingungsniveaus $v'' = 0$ für den Grundzustand und $v' = 0$ für den angeregten Zustand betrachtet.

Zur Charakterisierung der Rotationsbewegung wird die Rotationsquantenzahl J herangezogen.

Die Berechnung der Energie eines Molekülzustands beruht auf den dargestellten Quantenzahlen. Die genaue Berechnung ist von PAUL [44] und REISEL ET AL. [45] detailliert beschrieben. Hier finden sich auch die entsprechenden Koeffizienten zur Berechnung der Rotationsübergänge.

	Grund-zustand $X^2\Pi$	angeregter Zustand $A^2\Sigma^+$	ΔJ	ΔK	Name des Übergangs	alternativer Name
Haupt-	$F''_{1e}(J'')$	$F'_1(J''-1)$	-1	-1	$P_1(J'')$	
zweige	$F''_{2e}(J'')$	$F'_2(J''-1)$	-1	-1	$P_2(J'')$	
	$F''_{1f}(J'')$	$F'_1(J'')$	0	0	$Q_1(J'')$	
	$F''_{2f}(J'')$	$F'_2(J'')$	0	0	$Q_2(J'')$	
	$F''_{1e}(J'')$	$F'_1(J''+1)$	1	1	$R_1(J'')$	
	$F''_{2e}(J'')$	$F'_2(J''+1)$	1	1	$R_2(J'')$	
Satelliten	$F''_{2f}(J'')$	$F'_1(J''-1)$	-1	-2	$O_{12}(J'')$	${}^OP_{12}(J''), P12(J'')$
	$F''_{2f}(J'')$	$F'_1(J''+1)$	1	0	$R_{12}(J'')$	${}^QR_{12}(J'')$
	$F''_{2e}(J'')$	$F'_1(J'')$	0	-1	$Q_{12}(J'')$	${}^PQ_{12}(J'')$
	$F''_{1e}(J'')$	$F'_2(J'')$	0	1	$Q_{21}(J'')$	${}^RQ_{21}(J'')$
	$F''_{1f}(J'')$	$F'_2(J''-1)$	-1	0	$P_{21}(J'')$	${}^QP_{21}(J'')$
	$F''_{1f}(J'')$	$F'_2(J''+1)$	1	2	$S_{21}(J'')$	${}^SR_{21}(J''), R_{21}(J'')$

Tabelle 3.1: *Bezeichnung der Rotationszweige des NO $A-X$ Systems [43]*
Für $X\,{}^2\Pi$ bezeichnen die Indizes 1 und 2 $\Omega = 1/2$ und $3/2$,
e und f bezeichnen die beiden Λ-Dubletts.
Für $A\,{}^2\Sigma$ bezeichnen die Indizes 1 und 2 $\Sigma = -1/2$ und $1/2$.
Die Indizes 1 und 2 der beiden Zustände werden als Indizes im Namen des Übergangs beibehalten, wobei sich die erste Ziffer auf den höheren Zustand bezieht. Identische Indizes sind zu einem zusammengefasst.

3.3.1.2 Linienprofil

Die im Absorptionsspektrum auftretenden Übergänge von einem energetisch niedrigeren Zustand (v'', J'') in einen höheren Zustand (v', J'), also z.B. $A(v'=0) \leftarrow X(v''=2)$, sind nicht monochromatisch entsprechend der Differenz der Energien der Zustände. Sie weisen eine bestimmte spektrale Breite auf, die von Druck, Temperatur und Anzahl der Stoßpartner im System abhängig ist. Darüber hinaus spielt die spektrale Breite des anregenden Lasers eine Rolle.

Natürliche Linienverbreiterung oder Lorentz-Linienform

Entsprechend der Heisenbergschen Unschärferelation ist es nicht möglich, Energie und Zeit gleichzeitig und genau zu messen. Dies führt zu einer Aufspaltung der Energie bzw. Frequenz bei Absorptions- und Emissionsvorgängen und wird als natürliche Linienbreite oder Lorentz-Breite bezeichnet. Sie ist mit der Lebensdauer der Zustände verknüpft und berechnet sich mit [46]:

$$\Delta \bar{\nu}_N = \frac{1}{2\,\pi\,c\,\tau}\,. \tag{3.19}$$

Für NO-Übergänge ergibt sich mit $\tau = 1/A \sim 10 - 100$ ns eine natürliche Linienbreite von etwa $10^{-4} - 10^{-3}$ cm^{-1} , die viel kleiner ist, als die Doppler- oder Stoßverbreiterung. Daher wird sie im Folgenden auch nicht weiter berücksichtigt [36,43,47].

Doppler-Verbreiterung

Die thermische Bewegung der Moleküle ist ursächlich für die Doppler-Verbreiterung spektraler Linien. Bewegt sich ein Molekül auf den Betrachter zu, so erscheint die Strahlung, die in Richtung des Beobachters ausgesandt wird, in einer höheren Frequenz, als sie tatsächlich ist. Umgekehrt ist die Frequenz kleiner, wenn sich das Molekül vom Beobachter wegbewegt. Die Größe der Verbreiterung ist abhängig von der Bewegungsgeschwindigkeit der Moleküle und somit von der Temperatur. Die Verteilung der Geschwindigkeiten wird über das Maxwell-Boltzmann-Gesetz beschrieben [37].

Die Berechnung der Doppler-Verbreiterung für jede Einzelgeschwindigkeit und Mittelung über die Verteilung ergibt die folgende Linienprofilfunktion $g_D(\bar{\nu})$:

$$g_D(\bar{\nu}) = \frac{c}{\bar{\nu}_0}\sqrt{\frac{m}{2\pi\,k_B\,T}}\,\exp\!\left[-4\cdot\ln 2\cdot\frac{(\bar{\nu}-\bar{\nu}_0)^2}{\Delta\bar{\nu}_D^2}\right]. \tag{3.20}$$

Hierbei ist $\bar{\nu}$ die Wellenzahl und $\bar{\nu}_0$ die Zentralwellenzahl der Linie. c bezeichnet die Lichtgeschwindigkeit, m die Masse des Moleküls und k_B die Boltzmann-Konstante.

Mathematisch stellt die Doppler-Verbreiterung ein Gauß-Profil dar, dessen Integral den Wert 1 hat. Die Halbwertsbreite (FWHM) $\Delta\bar{\nu}_D$ ist gegeben durch [47]:

$$\Delta\bar{\nu}_D = \frac{2\bar{\nu}_0}{c}\sqrt{\frac{2 \cdot \ln 2 \cdot k_B T}{m}} \ . \tag{3.21}$$

Für NO sind typische Werte für die Dopplerbreite im γ-Band $\Delta\bar{\nu}_D = 0,10 \text{ cm}^{-1}$ bei 300 K und $\Delta\bar{\nu}_D = 0,26 \text{ cm}^{-1}$ bei 2000 K.

Stoßverbreiterung oder Druckverbreiterung

Die Wechselwirkung eines Moleküls mit Strahlung wird durch Stöße mit anderen Teilchen im umgebenden Medium regelmäßig unterbrochen. Dies führt zu einer Verringerung der Lebensdauer der Wechselwirkung mit der Strahlung. Nach dem Heisenbergschen Ungenauigkeitsprinzip führt dies zu einer Verbreiterung der Linien, und zwar nach dem gleichen Prinzip, wie bei der natürlichen Linienverbreiterung. Daher hängt auch hier die Linienverbreiterung von Temperatur, Druck und Stoßpartnern ab. Da der Mechanismus der Wechselwirkungen zwischen den Molekülen sehr komplex ist, ist es nicht möglich die Vorgänge analytisch zu beschreiben. Stattdessen wird auf Modellierungen zurückgegriffen, die über Parameter angepasst werden können. Unter Vernachlässigung der Stoßintensität ist die Stoßverbreiterung proportional zum Druck und abhängig von der Zusammensetzung der Stoßpartner. So kann sie aus der Summe der stoßpartnerabhängigen Stoßverbreiterungen pro Druckeinheit zusammengesetzt werden, gewichtet mit dem Partialdruck jeder kollidierenden Spezies [48]:

$$\Delta\bar{\nu}_C = \sum_i 2\,\gamma_i\,p_i \ . \tag{3.22}$$

Für den Koeffizienten der Stoßverbreiterung 2γ wird oft folgende Temperaturabhängigkeit angenommen:

$$2\gamma = c \cdot T^{-n} \ . \tag{3.23}$$

Die Parameter 2γ, bzw. c und n werden empirisch ermittelt. Für NO $A-X(0,0)$-Übergänge sind bei DIROSA ET AL. [48–50] experimentell verifizierte Parameter zu finden. Damit ergibt sich für das zu untersuchende System eine Stoßverbreiterung, die für 300 K etwa bei $\Delta\bar{\nu}_c = 0,05\ \mathrm{cm}^{-1}$ liegt. Mit zunehmender Temperatur nimmt die Stoßverbreiterung ab und liegt bei 2000 K etwa bei $0,017\ \mathrm{cm}^{-1}$.

Die Linienform der Stoßverbreiterung wird über ein Lorentz-Profil beschrieben:

$$g_C(\bar{\nu}) = \frac{\Delta\bar{\nu}_C}{2\pi} \frac{1}{(\bar{\nu} - \bar{\nu}_0)^2 + (\Delta\bar{\nu}_C/2)^2} . \tag{3.24}$$

Stoßverschiebung

Die beschriebenen Stöße zwischen den verschiedenen Teilchen führen nicht nur zu einer Verbreiterung der spektralen Linie, sie haben auch Auswirkung auf ihre Lage. Die Potentialkurve eines Moleküls ist eine Funktion des intermolekularen Abstands. Der Verlauf dieser Funktion ist nicht für alle Zustände gleich. Daher ist auch der Abstand zwischen den Potentialkurven zweier Zustände, der die Lage der spektralen Linie charakterisiert, nicht für alle intermolekularen Abstände gleich, sondern ebenso wie dieser eine Funktion von Druck und Temperatur. Die Stoßverschiebung $\Delta\bar{\nu}_S$ berechnet sich nach bei DiRosa et al. [48] als:

$$\Delta\bar{\nu}_S = \sum_i \delta_i \, p_i \tag{3.25}$$

mit dem Koeffizienten der Stoßverschiebung

$$\delta = c' \cdot T^{-n'} . \tag{3.26}$$

Auch hier werden, wie bei der Stoßverbreiterung, die Parameter c' und n' empirisch ermittelt. Werte finden sich bei DiRosa et al. [48–50].

Gesamtverbreiterung

Das gesamte Profil einer Spektrallinie wird durch die Überlagerung der beschriebenen physikalischen Prozesse bestimmt. Unter der allgemeinen Annahme, dass die Stöße nicht mit der thermischen Bewegung korreliert sind, können Doppler- und Lorentzprofile gefaltet werden. Dies ergibt ein Voigt-Profil, das das Linienprofil der Absorptionslinie beschreibt [48, 51]:

$$g_{Voigt}(\bar{\nu}) = \sqrt{\frac{\ln 2}{\pi}} \cdot \frac{2}{\Delta\bar{\nu}_D} \cdot V(x-s,a)\ . \tag{3.27}$$

V stellt die dimensionslose Voigt-Funktion dar. x und s sind gegeben durch:

$$x = 2\sqrt{\ln 2} \cdot (\bar{\nu} - \bar{\nu}_0)/\Delta\bar{\nu}_D \tag{3.28}$$

$$s = 2\sqrt{\ln 2} \cdot (\Delta\bar{\nu}_S/\Delta\bar{\nu}_D)\ . \tag{3.29}$$

Der Voigt-Parameter a drückt den Anteil der Stoßverbreiterung am Linienprofil im Verhältnis zur Doppler-Verbreiterung aus und berechnet sich nach:

$$a = \sqrt{\ln 2} \cdot (\Delta\bar{\nu}_C/\Delta\bar{\nu}_D)\ . \tag{3.30}$$

Linienprofil des Lasers

Neben dem Linienprofil der Absorptionslinie ist auch das Linienprofil des Lasers von Bedeutung. Die Intensität des Absorptionssignals ist von der Laserintensität abhängig. Falls die einfallende Intensität innerhalb des Frequenzbereiches der Absorptionslinienbreite annähernd konstant ist, kann die Absorption unabhängig vom Profil der Laserlinie angesehen werden. Dies ist gegeben, wenn die Laserlinie wesentlich breiter als die Absorptionslinie ist. Anderenfalls geht zusätzlich noch das Profil der Laserlinie in die Bestimmung des Absorptionsprofils ein [52].

Der verwendete Excimer-gepumpte Farbstofflaser hat ein Gauß-Profil mit einer Halbwertsbreite von 0,09 cm^{-1} [53]. Da nur eine unvollständige Überlappung von Laserlinie und Absorptionslinie gegeben ist, muss das Profil der Laserlinie bei der Berechnung des Profils der Absorptionslinie berücksichtigt werden. Hierzu werden Laserprofil g_L und Absorptionsprofil g_{Voigt} gefaltet:

$$g(\bar{\nu}) = \int_{-\infty}^{\infty} g_L(\bar{\nu}')\, g_{Voigt}(\bar{\nu} - \bar{\nu}')\, d\bar{\nu}'\ . \tag{3.31}$$

3.3.1.3 Boltzmann-Verteilung

Die Gesamtzahl N aller Moleküle in einer Volumeneinheit befindet sich nicht einheitlich im gleichen Energiezustand. Die Moleküle bevölkern stattdessen eine Reihe von verschiedenen Energiezuständen. In jedem Energiezustand E_j befinden sich N_j Moleküle. Unter der Annahme eines thermischen Gleichgewichts sind die Moleküle entsprechend der Boltzmann-Verteilung auf die Energieniveaus verteilt. Die relative Besetzungszahl kann nach DEMTRÖDER [52] geschrieben werden als:

$$\frac{N_j}{N} = \frac{1}{Q_{rot}} g_j \cdot \exp\left[\frac{-E_j}{k_B\,T}\right] . \tag{3.32}$$

Bezogen auf die Energien der Rotationszustände gilt [47]:

$$\frac{N_J}{N} = \frac{1}{Q_{rot}} (2J+1) \cdot \exp\left[\frac{-B\,J(J+1)\,h\,c}{k_B\,T}\right] . \tag{3.33}$$

k_B ist die Boltzmann-Konstante, c die Lichtgeschwindigkeit und h das Plancksche Wirkungsquantum. J bezeichnet die Rotationsquantenzahl, T die Temperatur und B die Rotationskonstante des entsprechenden Zustands. Q_{rot} bezeichnet die Zustandssumme:

$$Q_{rot} = \sum_{J=1}^{\infty} (2J+1)\, \exp\left[-h\,c\,B\,J(J+1)/k_B\,T\right] . \tag{3.34}$$

Unter der Voraussetzung, dass $k_B\,T/h\,c\,B$ groß ist, vereinfacht sie sich zu:

$$Q_{rot} = \frac{k_B\,T}{h\,c\,B} . \tag{3.35}$$

Die in Gleichung 3.33 enthaltene Rotationsenergie $E_J = B\,J(J+1)$ ist stark vereinfacht. Eine genauere Berechnung der Energien der Rotationszustände, bei der z.B. auch die Zentrifugaldehnung berücksichtigt wird, ist bei PAUL [44], REISEL ET AL. [45] und CHOU ET AL. [54] zu finden. In dieser Arbeit werden durchgängig die genaueren Werte der Energien verwendet.

Abbildung 3.3 stellt die relativen Besetzungszahlen als Funktion der Rotationsquantenzahl dar. Aus Gleichung 3.33 ergibt sich, dass die Besetzungsverteilung nicht nur vom Rotationszustand abhängig ist, auch die Temperatur geht in die Verteilung ein. Es zeigt sich deutlich, wie sich die Besetzung der Energieniveaus mit der Temperatur ändert. Eine höhere Temperatur ermöglicht den Molekülen, auch Energiezustände mit größerem Energieinhalt einzunehmen. Daher werden mit zunehmender Temperatur auch Energieniveaus mit größerer Quantenzahl bevölkert, die einen höheren Energieinhalt aufweisen, als Energieniveaus mit kleiner Quantenzahl. Die niedrigeren Energieniveaus sind bei höheren Temperaturen weniger stark besetzt. Die Verteilung der Moleküle auf die Energiezustände wird dadurch mit zunehmender Temperatur breiter und flacher. Diese charakteristische Änderung der Besetzung der Energieniveaus ist Grundlage der Temperaturbestimmung aus Absorptionsspektren.

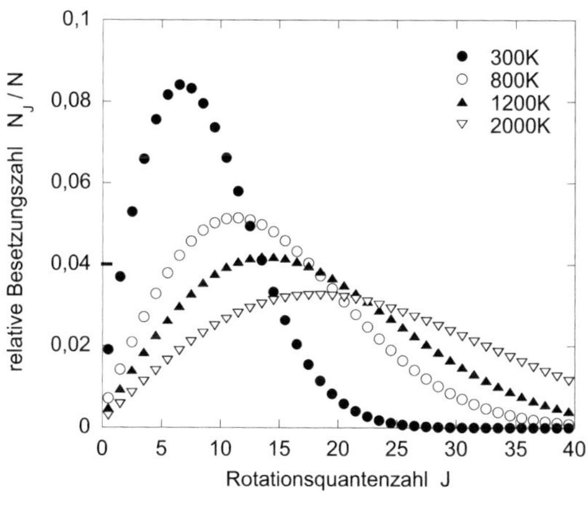

Abbildung 3.3: *relative Besetzungszahlen für NO bei unterschiedlichen Temperaturen*

3.3.1.4 Absorption

Wird die Wellenlänge des einstrahlenden Lasers so gewählt, dass ein bestimmtes elektronisches Niveau des NO-Moleküls angeregt wird, so wird ein Teil dieser Strahlung von den Molekülen, die sich auf diesen Energieniveau befinden, absorbiert. Die Moleküle gehen in ein höheres Energieniveau über. Für die transmittierte Stahlung gilt das Lambert-Beersche Gesetz [37]:

$$\frac{I}{I_0} = \exp\left(-\int\limits_0^L \sigma(\bar{\nu}, x) \cdot n \, dx\right) . \qquad (3.36)$$

$\sigma(\bar{\nu}, x)$ bezeichnet den spektralen Absorptionsquerschnitt, L die optische Weglänge und n die Teilchenzahldichte der absorbierenden Spezies. Unter der Annahme, dass der Absorptionsquerschnitt in der Flamme in Durchstrahlrichtung unabhängig vom Ort ist, vereinfacht sich Gleichung 3.36 zu:

$$\tau(\bar{\nu}) = \frac{I(\bar{\nu})}{I(0)} = \exp\left(-\sigma(\bar{\nu}) \cdot n \cdot L\right) . \qquad (3.37)$$

$\tau(\bar{\nu})$ wird als Transmissionsgrad bezeichnet und ist von der Wellenzahl des eingestrahlten Lichtes abhängig.

Für den Absorptionsquerschnitt gilt nach DEMTRÖDER [52]:

$$\sigma(\bar{\nu}) = \bar{\nu} \cdot \frac{h}{c} \cdot B_{12} \cdot g(\bar{\nu}) . \qquad (3.38)$$

$g(\bar{\nu})$ bezeichnet die Linienprofilfunktion, B_{12} den Einsteinkoeffizienten der Absorption und $\bar{\nu}$ die Wellenzahl des Übergangs.

Anstelle des Absorptionsquerschnitts ist es auch üblich einen Absorptionskoeffizienten anzugeben. Dieser fasst Absorptionsquerschnitt und Konzentration zusammen und wird als $k = \sigma \cdot n$ beschrieben (vgl. Kapitel 3.1).

Wird der Absorptionskoeffizient auf die Wellenlänge bezogen und über diese integriert, so ergibt sich der spektrale Absorptionskoeffizient:

$$k_L(x) = \int k_\lambda(x) \, d\lambda . \qquad (3.39)$$

3.3.2 Bestimmung der Temperatur

Die Boltzmann-Verteilung (Gleichung 3.32) beschreibt die relative Besetzung der Energiezustände eines Moleküls als Funktion der Temperatur. Die Besetzungszahl jedes Rotationszustandes J weist demnach eine charakteristische Abhängigkeit von der Temperatur auf. Der Absorptionsquerschnitt σ wiederum ist eine Funktion der Besetzung der entsprechenden Energiezustände und damit auch der Temperatur. Daraus lässt sich ableiten, dass auch das Absorptionsverhalten eines Moleküls eine charakteristische Abhängigkeit von der Temperatur zeigt.

Für den Linienabsorptionskoeffizienten $k = \sigma \cdot n$ lässt sich folgende Beziehung ableiten [55, 56]:

$$k_L = \frac{\lambda_0^4}{4\pi\ 2c} \frac{g_i}{g_j} A_{ij}\ N_j \left(1 - \frac{g_j}{g_i} \frac{N_i}{N_j}\right) . \tag{3.40}$$

Es ist g_i das statistische Gewicht des oberen Energiezustandes, g_j das statistische Gewicht des unteren Energiezustandes. A_{ij} bezeichnet den Einsteinkoeffizient der spontanen Emission. N_i gibt die Teilchenzahl pro Volumeneinheit im oberen Energiezustand an und N_j die Teilchenzahl pro Volumeneinheit im unteren Energiezustand.

Das Besetzungsverhältnis der beiden Energiezustände N_i/N_j ist durch die Boltzmann-Verteilung gegeben. Es gilt:

$$\frac{g_j}{g_i} \frac{N_i}{N_j} = \exp\left[-\frac{E_i - E_j}{k_B\, T}\right] . \tag{3.41}$$

Dieser Term aus Gleichung 3.40 stellt den Strahlungsanteil der induzierten Emission dar. Mit $E_i - E_j = hc/\lambda$ kann er für die betrachteten Übergänge zu 10^{-14} abgeschätzt werden. Damit ist es möglich, die induzierte Emission, die dieser Term beschreibt, gegenüber der Absorption zu vernachlässigen.

Wird die Besetzung N_j mit Hilfe der Boltzmann-Gleichung (3.32) dargestellt, so ergibt sich für den Linienabsorptionskoeffizienten folgende vereinfachte Formel:

$$k_L = \frac{\lambda_0^4}{4\pi\ 2c}\, g_i\, A_{ij}\, N\, \frac{1}{Q_{rot}}\ \exp\left[-\frac{E_j}{k_B\, T}\right] . \tag{3.42}$$

Sie beschreibt unter anderem die Temperaturabhängigkeit der Absorption für jeden Übergang.

Für das Verhältnis der Linienabsorptionskoeffizienten zweier Wellenlängen k_{L_1} und k_{L_2} gilt:

$$\frac{k_{L_1}}{k_{L_2}} = \frac{\lambda_{0_1}^4}{\lambda_{0_2}^4} \frac{g_{i_1}}{g_{i_2}} \frac{A_{ij_1}}{A_{ij_2}} \cdot \exp\left[\frac{E_{j_2} - E_{j_1}}{k_B \cdot T_{rot}}\right] . \tag{3.43}$$

Hierbei stehen λ_{0_1} und λ_{0_2} für die beiden betrachteten Zentralwellenlängen und E_{j_1} und E_{j_2} für die Energien der jeweiligen Grundzustände. T_{rot} bezeichnet die Temperatur, die dem rotatorischen Freiheitsgrad zugeordnet ist.

Das Verhältnis k_{L_1}/k_{L_2} kann aus dem Verhältnis der Transmissionsgrade der Absorptionsübergänge bei den beiden Wellenlängen L_1 und L_2 bestimmt werden. Es ist unabhängig von der Konzentration der absorbierenden Spezies und der Absorptionsweglänge.

Aus Gleichung 3.43 ist ersichtlich, dass sich die Temperatur einer Flamme aus dem Verhältnis der Intensitäten zweier Absorptionslinien bestimmen lässt.

3.3.3 Bestimmung der Konzentration

Unter der Voraussetzung, dass die Temperatur bekannt ist, kann die Konzentration eines Stoffes ebenfalls per Absorptionsmessung bestimmt werden. Auch hier wird auf den Linienabsorptionskoeffizienten zurückgegriffen, der sich aus der Messung der Transmission nach Gleichung 3.37 und 3.39 ergibt.

Aus Gleichung 3.42 und dem idealen Gasgesetz lässt sich der Stoffmengenanteil von NO als Funktion der beschriebenen spektroskopischen Parameter und den Eigenschaften des Gases darstellen:

$$x_{\mathrm{NO}} = \frac{N_{\mathrm{NO}}}{N_{ges}} = \frac{8\,\pi\,c}{\lambda_0^4} \frac{Q_{rot} \cdot k_L}{g_i \cdot A_{ij} \cdot \exp\left[-E_j/k_B\,T\right]} \frac{R \cdot T}{N_A \cdot p} . \tag{3.44}$$

N_{NO} und N_{ges} sind die Teilchenzahldichten von NO bzw. der Summe aller Spezies im zu untersuchenden System, N_A ist die Avogadro-Zahl, R die allgemeine Gaskonstante und p der Druck im System.

Unter der Voraussetzung, dass sich das untersuchte System im lokalen thermischen Gleichgewicht befindet, kann auf diese Art mittels Absorptionsmessungen auch die Konzentration der absorbierenden Spezies bestimmt werden.

3.3.4 Simulation der Absorptionsspektren

Neben der analytischen Möglichkeit der Temperatur- und Konzentrationsbestimmung, deren Genauigkeit in großem Maße von der Güte der Bestimmung der Linienabsorptionsverhältnisse und somit der Peakintegrale abhängig ist, können Temperatur und Konzentration auch mit Hilfe numerischer Methoden ermittelt werden. Dazu werden Absorptionsspektren berechnet. Dies basiert auf der in Kapitel 3.3 dargestellten Theorie. Aus der Vorgabe einer Temperatur und einer NO-Konzentration kann das für diesen Fall theoretisch vorliegende Absorptionsspektrum berechnet werden. Dabei müssen auch Randbedingungen wie die Eigenschaften des Lasers berücksichtigt werden. Wird die Temperatur und die NO-Konzentration für die berechneten Spektren verändert, lässt sich durch Optimierung der Parameter ein Spektrum finden, das optimal mit dem gemessenen Spektrum übereinstimmt. Das berechnete Spektrum beschreibt dann die Temperatur und die NO-Konzentration des gemessenen Spektrums.

In dieser Arbeit werden zwei Programme benutzt, um die Absorptionsspektren zu simulieren. Zum einen wird die Software LIFSim verwendet, die online nutzbar ist. Sie ist bei BESSLER [43, 57–59] näher beschrieben. Darüber hinaus wird eine Software verwendet, die im Rahmen dieser Arbeit in Zusammenarbeit mit SCHIESSL [60] entwickelt wurde und die auf den spektroskopischen Daten von BESSLER [43] basiert. Dieses Programm steht als Source-Code zur Verfügung und kann an die vorhandenen Probleme besser angepasst werden, als LIFSim. Beide Programme basieren auf der in Kapitel 3.3 beschriebenen Theorie der Absorptionsspektroskopie.

Das Programm von LIFSim [43] ist in der Lage, Absorptionsspektren bei vorgegebenen Randbedingungen zu berechnen. Dabei werden Flammenbedingungen wie Druck und Konzentration aller an der Verbrennung beteiligten Gase ebenso berücksichtigt, wie die Eigenschaften des anregenden Lasers. Zur Bestimmung von Temperatur und NO-Konzentration aus den gemessenen Absorptionsspektren sind diese beiden Parameter allerdings nicht bekannt. Es kann also nur über manuelle Variation von Temperatur und NO-Konzentration ein Spektrum gefunden werden, das augenscheinlich am besten mit den gemessenen Werten übereinstimmt. Dies ist zum einen nicht sehr effizient und zum anderen in der Beurteilung der Güte der Übereinstimmung subjektiv.

Aus diesem Grund ist das Programm, das zusammen mit SCHIESSL [60] erarbeitet wurde, so ausgelegt, dass ein simuliertes Spektrum gesucht wird, welches das gemessene am besten wiedergibt. Programmiert ist es in Matlab [61]. Neben der eigentlichen Berechnung des Spektrums wird ein Algorithmus eingefügt, der mittels multidimensionalem Parameterfit dasjenige Spektrum sucht, das am besten mit dem gemessenen übereinstimmt. Es kommt die Methode der kleinsten Quadrate, die als Algorithmus in Matlab integriert ist, zum Einsatz. Sie ist wie folgt definiert:

$$min = \sum_i (y_i - \hat{y}_i)^2 \tag{3.45}$$

und sucht für vorhandene Funktionswerte y_i eine Funktion, deren Werte $\hat{y}_i$ am wenigsten von der vorhandene Funktion abweichen [62]. Das Ergebnis ist dann ein Spektrum, das am besten mit dem gemessenen übereinstimmt sowie die zugehörigen Werte für Temperatur und NO-Konzentration.

Mit diesem Verfahren ist die Suche nach dem am besten übereinstimmenden Spektrum automatisiert und es können objektive Werte für die Temperatur und die NO-Konzentration bestimmt werden.

Das Verfahren der indirekten Bestimmung der gesuchten Größen ist wesentlich genauer, als die analytische Bestimmung von Temperatur und Konzentration gemäß Kapitel 3.3.2 und Kapitel 3.3.3. Störungen im Spektrum, die sich vor allem auf eine schwierige Bestimmung der Basislinie niederschlagen und Überlagerungen mit anderen Signalen fallen bei der Suche nach dem optimalen Spektrum weniger oder gar nicht ins Gewicht, wohl aber in großem Maße bei der analytischen Integration der Peakflächen.

3.3.5 Auswahl der Spektrallinien

Für die Absorptionsmessung zur Temperatur- und Konzentrationsbestimmung sind nicht alle Übergänge zwischen den erlaubten Energieniveaus gleichermaßen geeignet. Ein wichtiges Kriterium bei der Auswahl der untersuchten Übergänge ist die Besetzung der Energiezustände. So muss das untere Energieniveau ausreichend stark bevölkert sein. Nur eine hohe Population gewährleistet hier eine ausreichend starke Absorption und damit einen gut messbaren Intensitätsunterschied der Laserstrahlung. Ist das angeregte Niveau nur schwach populiert, können auch nur wenige Moleküle absorbieren und die Abnahme an Laserenergie durch Absorption ist gering. Aus diesem Grund werden Absorptionsübergänge ausgewählt, die vom Elektronengrundzustand ausgehen. Hier ist unter den gegebenen Bedingungen die Besetzung hoch, es liegen genügend Moleküle vor, bei denen Absorption möglich ist. Somit werden in dieser Arbeit Spektrallinien untersucht, die aus Übergängen aus dem Elektronengrundzustand heraus resultieren.

Für NO ergeben sich intensive Absorpionsübergänge für die 0-0 Vibrationsbande des γ-Systems $A^2\Sigma^+ - X^2\Pi$. Die Spektrallinien liegen im Ultravioletten bei 226 nm. Weitere starke Absorptionslinien sind bei noch kürzeren Wellenlängen zu finden, die aber messtechnisch schwerer zugänglich sind. Die 0-2 Vibrationsbande bei 248 nm absorbiert nur sehr schwach, liefert aber für Emissionsmessungen hohe Intensitäten [63].

Für die Temperaturmessungen muss ein Linienpaar ausgewählt werden, das bestimmte Bedingungen erfüllt. Zum einen müssen die Wellenlängen der Linien so nah beisammen liegen, dass beide mit einem einzigen Laserscan abgedeckt werden können. In diesem Intervall darf die Laserintensität nicht zu sehr differieren. Zum anderen müssen die Linien eindeutig von den benachbarten zu trennen sein und es darf nicht zu Überlappungen kommen.

Weiterhin sollten beide Linien ähnliche Absorptionskoeffizienten aufweisen und zwar so weit, dass beide Linien aufgelöst und detektiert werden können. Allerdings müssen die Intensitäten auch so unterschiedlich sein, dass sie sensitiv bezüglich der Temperatur sind [64]. Die Änderung des Absorptionssignals muss genügend groß sein, um einen messbaren Unterschied im Verhältnis der Intensitäten zueinander zu ergeben. Nur dann ist eine Temperaturbestimmung möglich.

Darüber hinaus ist die zu erwartende Temperatur relevant. Sie bestimmt die Auswahl der Absorptionslinien, da diese unterschiedlich sensitiv in verschiedenen Temperaturbereichen sind. Dies wird durch Umformung von Gleichung 3.44 deutlich:

$$\frac{k_L}{x_{\mathrm{NO}}} = \frac{\lambda_0^4 \, g_i \, A_{ij} \, N_A \, p}{8 \, \pi \, c \, R \, Q_{rot}(T)} \, \frac{\exp[-E_j/k_B \, T]}{T} \, . \tag{3.46}$$

Die Auftragung von k_L/x_{NO} als Funktion von T (Abbildung 3.4) zeigt die unterschiedlich starke Abhängigkeit von T für verschiedene Quantenzahlen [65].

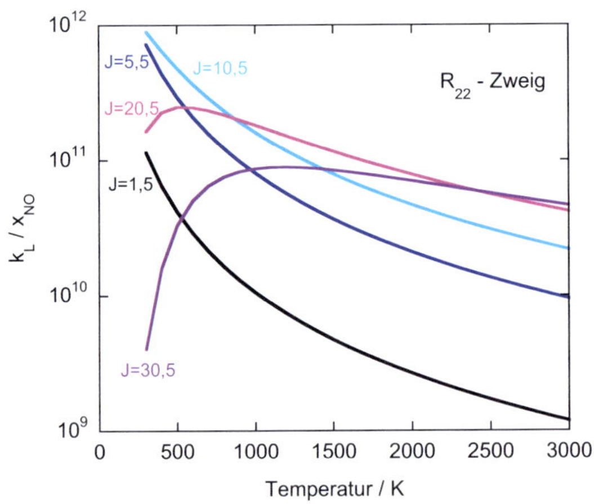

Abbildung 3.4: *Linienabsorptionskoeffizienten als Funktion der Temperatur für verschiedene Quantenzahlen*

Für die zu untersuchenden Flammen sind nach SCHÄFER [66] Flammentemperaturen zwischen 1600 K und 2300 K zu erwarten. In Zonen, in denen keine Reaktionen stattfinden, muss von niedrigeren Temperaturen ausgegangen werden. Je nach untersuchtem Bereich in der Flamme muss also unter Umständen auf andere Absorptionsübergänge zurückgegriffen werden. Dies ist auf die in Gleichung 3.33 beschriebene Temperaturabhängigkeit der Besetzung der Rotationszustände zurückzuführen. Bei niedrigen Temperaturen sind nur die unteren Rotationszustände besetzt, bei steigender Temperatur wird die Verteilung breiter und verschiebt sich zu größeren Quantenzahlen (vgl. Abbildung 3.3).

Ein weiterer wichtiger Punkt sind mögliche Störungen im Absorptionsspektrum. Dies können statistische Störungen sein, aber auch Überlagerungen durch andere Absorptions- oder Emissionsvorgänge. Im betrachteten Wellenlängenbereich tritt neben der Absorption bei NO-Molekülen auch Absorption bei O_2-Molekülen auf. Diese ist zwar im Vergleich zur NO-Absorption schwach, wirkt sich aber als breitbandige Überlagerung der NO-Absorptionslinien aus. Da in den Flammen typischerweise auch O_2 zu finden ist, muss diese mögliche Störung berücksichtigt werden.

Die Rotationsbanden von NO liegen sehr eng beieinander und sind zahlreich. Dies erschwert zusätzlich die Auswahl geeigneter Linien. In der R-Bande etwa finden sich einige Linien, die den gestellten Anforderungen entsprechen. Hier sind aber die Hauptbanden Q_{11}, Q_{22}, P_{22} und R_{11} teilweise von Überlappungen mit den Satellitenbanden ${}^{Q}P_{21}$, ${}^{Q}R_{12}$, ${}^{P}Q_{12}$ und ${}^{R}Q_{21}$ betroffen.

In der Literatur sind eine Vielzahl von Absorptionslinien im System $A^2\Sigma^+ - X^2\Pi$ zu finden, die für Konzentrationsmessungen von NO und Temperaturmessungen verwendet werden [43, 64, 65]. Diese Linien entsprechen aber nicht unbedingt den genannten Anforderungen. Im Verlauf der Arbeit werden mehrere Gruppen von Rotationslinen auf ihre Eignung untersucht. Diese sind entsprechend den beschriebenen Anforderungen aus dem System $A^2\Sigma^+ - X^2\Pi$ ausgewählt. Für die Messungen erweisen sich die in Tabelle 3.2 aufgeführten Rotationslinien am geeignetsten. Die Wellenlängen der Linien sind nach REISEL ET AL. [45] bestimmt.

Linie	Wellenlänge [nm]
${}^{Q}P_{21}(23,5)$	225,569
${}^{Q}R_{12}(26,5)$	225,580
$R_{22}(20,5)$	225,592
${}^{P}Q_{12}(33,5)$	225,605
${}^{R}Q_{21}(16,5)$	225,608

Tabelle 3.2: *Absorptionslinien von NO zur Temperatur- und Konzentrationsmessung*

Durch die gleichzeitige Messung von fünf Absorptionslinien stehen zur Bestimmung der Temperatur zehn Kombinationen von Linienpaaren zur Verfügung. Werden alle diese Kombinationen zur Temperaturbestimmung herangezogen, kann der Fehler bei der Temperaturbestimmung auf ein Minimum begrenzt werden. Die sich für die einzelnen Linienpaare aus den Messungen ergebenden Temperaturen weisen immer einen Fehler auf, der aus Messungenauigkeiten und Überlagerungen des Spektrums durch Störungen und somit fehlerhafter Bestimmung der Absorptionsstärke beruht. Liegen mehrere Messwerte für die gleiche Temperatur vor, können Ausreißer erkannt und von der Temperaturbestimmung ausgenommen werden. Mit der Mittelung der Einzeltemperaturen erhöht sich die Genauigkeit der Temperaturmessung weiter.

Die unterschiedliche Sensitivität der Linienpaare für die Verhältnisbildung wird deutlich, wenn für die möglichen Paare von Absorptionslinien jeweils das Verhältnis der Peakflächen in Abhängigkeit von der Temperatur bestimmt wird. Die sich ergebenden Verläufe sind in der Abbildung 3.5 dargestellt. Es zeigt sich, dass etwa das Linienpaar $R_{22}(20,5)$: ${}^{R}Q_{21}(16,5)$ nur sehr geringe Änderungen im Intensitätsverhältnis über der Temperatur aufweist und somit weniger geeignet ist, als die Kombination ${}^{Q}R_{12}(26,5)$: $R_{22}(20,5)$.

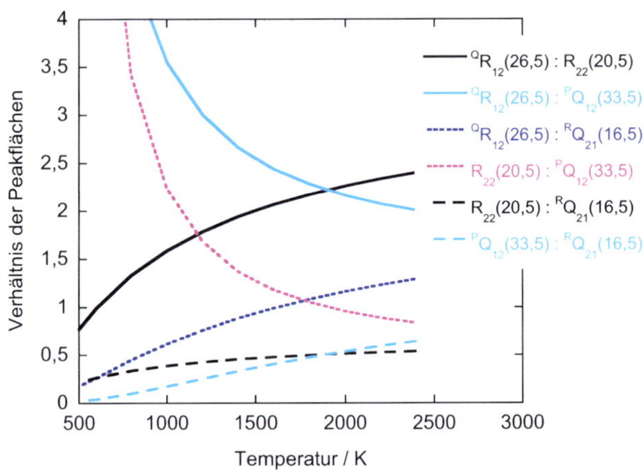

Abbildung 3.5: *Verhältnis der Peakintegrale ausgewählter Absorptionslinien als Funktion der Temperatur*

4 Experimentelle Grundlagen

4.1 Apparativer Aufbau

Die in dieser Arbeit untersuchten laminaren, vorgemischten Gegenstromflammen werden in einer Unterdruckbrennkammer realisiert. Die Brennkammer besteht aus einem Brennersystem mit zwei sich gegenüberliegenden identischen Brennermatrizes, einer Gasdosiereinheit und einer Gasabsaugung mit Druckregelung und ist in Abbildung 4.1 dargestellt.

Über eine Spindel können die Brennermatrizes axial verstellt werden. Die Kühlung der Brenner, insbesondere der Matrix, erfolgt über eine in den Brennersitz eingelassene Ringleitung, die über gewickelte und somit axial flexible Rohrleitungen versorgt wird. Auch die Brennkammer selbst ist an den angebrachten Detektionsflanschen gekühlt, was die Temperaturbelastung der hier eingesetzten Quarzglasfenster reduziert.

Die Brennermatrix ist eine runde, ebene Platte, durch die auf einer zentrischen Kreisfläche mit dem Durchmesser von 80 mm ca. 800 Bohrungen angebracht sind. Diese sind äquidistant angeordnet und haben einen Durchmesser von 1 mm und einen Abstand von 2,5 mm. Aus ihnen strömen die Brenngase. Die Gase werden den entsprechenden Brennern über Massendurchflussregler (Brooks Instruments B.V. 5850TR, 5850S) zudosiert und in den Zuleitungen und im entsprechend ausgeführten Brennerschaft vorgemischt. Der Brennerschaft ist mit einer Schüttung aus Glaskugeln gefüllt, um die Gase besser vorzumischen und um ein Rückschlagen der Flammen zu vermeiden.

Die Absaugung der Gase aus der Brennkammer erfolgt über eine Ringleitung, so dass die Strömung in der Brennkammer unbeeinflusst bleibt. Eine Drehschieber-Vakuumpumpe (Leybold Vakuum GmbH, TRIVAC D65B) führt die Gase aus der Brennkammer ab. In das Absaugsystem ist eine Druckregelung integriert, um einen konstanten Brennkammerinnendruck gewährleisten zu können. Dieser wird mit einem Piezodrucksensor (Honeywell AG, 140PC15A) permanent gemessen. Ein Kugelhahn in der Absaugleitung dient zur Grobeinstellung der abgeführten Gasmenge. Zusätzlich ermöglicht ein Nadelventil die manuellen Feineinstellung des Brennkammerinnendruckes. Die Druckregelung schließlich wird von einem elektronisch angesteuerten Magnetventil (Balzers Hochvakuum GmbH, RME010) übernommen, das den Druck während der Messung konstant auf dem vorgegebenen Wert hält. Zur permanenten Kontrolle des Brennkammerdrucks ist eine Druckanzeige in die Versuchsanordnung integriert. Die abgesaugten Gase werden vor der Abgabe an die Umwelt in einer Abgasreinigungsstufe von Ruß und anderen Schadstoffen befreit.

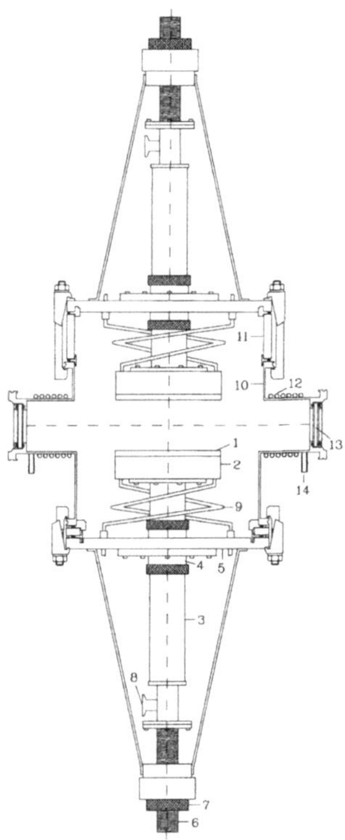

1 : Brennermatrix
2 : Brennersitz
3 : Brennerschaft
4 : Führung
5 : Brennkammerboden
6 : Spindel
7 : Mutter
8 : Gaseintritt
9 : Kühlwasserschlange
10 : Brennkammer
11 : Distanzring
12 : Kühlung des Flansches
13 : Detektionsfenster
14 : Spülgaseintritt

Abbildung 4.1: *Gegenstrombrenner [66]*

Die Brennkammer ist mit drei Detektionsflanschen und einem Sichtflansch ausgestattet. Die Detektionsflansche liegen einmal in der optischen Achse zum Ein- und Austritt des Laserstrahls und einmal senkrecht dazu um die Fluoreszenz und Streustrahlung detektieren zu können. Gegenüber diesem Fenster ist ein weiteres Fenster eingesetzt, das der Beobachtung der Flamme und damit der Kontrolle des

Experiments dient. In die Flansche, die in der optischen Achse verlaufen, können zusätzliche verschiebbare Schutzrohre eingesetzt werden. Diese können bis direkt an die Außenkontur der Flamme geschoben werden und sind mit Argon gespült. Der Laserstrahl wird durch sie hindurch geführt. Somit kann sichergestellt werden, dass die vorgegebene optische Weglänge eingehalten wird und keine Störungen der Messung durch das die Flamme umgebende Gas hervorgerufen wird. Auch das Detektionsfenster ist mit Argon gespült, um Verschmutzungen des Quarzfensters z.B durch Rußablagerung zu vermeiden.

Zur Zündung werden nach der Einregelung des Brennkammerdrucks die vorgemischten Gase, die zu einem zündfähigen Gemisch eingestellt sind, mittels eines Hochspannungsfunken am unteren Brenner gezündet. Ist die Flamme gezündet, werden die Gasströme entsprechend den Versuchsbedingungen eingestellt. Danach werden am oberen Brenner die Gase zugeführt. Hier erfolgt die Zündung automatisch durch die schon vorhandene Flamme.

Beide Brenner sind über eine Spindel vertikal verstellbar, so dass die Untersuchungen in axialer Richtung abhängig vom Abstand von der unteren Brennermatrix (als Höhe über dem Brenner, h bezeichnet) durchgeführt werden können. Der Abstand der beiden Brenner beträgt 30 mm. So wird eine möglichst große axiale Ausdehnung der Rußzone erreicht und die Grenzfläche zwischen den beiden Strömungen ist eben und ohne Krümmung ausgebildet.

4.2 Untersuchte Flammen

Die Arbeit stellt die Ergebnisse experimenteller Untersuchungen an laminaren, rußenden Vormischflammen mit und ohne oxidierender Gegenströmung vor. Als Brennstoff wird Ethin verwendet. Es ist der wichtigste Vorläufer für die Bildung höherer Kohlenwasserstoffe und spielt sowohl bei der Bildung der polyzyklischen aromatischen Kohlenwasserstoffe, als auch beim späteren Oberflächenwachstum des Rußes eine entscheidende Rolle. Das Oxidationsmittel ist Sauerstoff. Weiterhin wird Argon als Hilfsgas zur Verdünnung eingesetzt. Um mögliche Wechselwirkungen von Ruß mit Stickoxiden zu untersuchen, wird bei einigen Flammen Stickstoffmonoxid zudosiert.

Die untersuchten Flammen sind alle Gegenstromflammen. Am unteren Brenner ist die Flamme fett, das heißt, es liegt Brennstoff im Überschuss vor. Somit werden hier große Mengen Ruß gebildet. Dieser Flamme strömt aus dem oberen Brenner entweder Inertgas (Argon), ein oxidierendes Sauerstoff-Argon-Gemisch oder eine magere, also nicht rußende Flamme entgegen. Zwischen den beiden entgegengesetzten Strömungen bildet sich eine horizontale Grenzschicht, die Stauebene, aus der die Gase seitlich aus der Flammenzone herausströmen. Die Gegenströmung hat zwei Funktionen. Erstens trägt sie zur Stabilisierung der Flamme bei und zweitens liefert sie an der Stauebene Reaktionspartner für die Untersuchung von Wechselwirkungen mit dem am unteren Brenner gebildeten Ruß. Abbildung 4.2 zeigt die schematische Darstellung der Stromlinien in der beschriebenen Gegenstromanordnung. Die Lage der Stauebene ist von den Volumenströmen an den beiden Brennern abhängig.

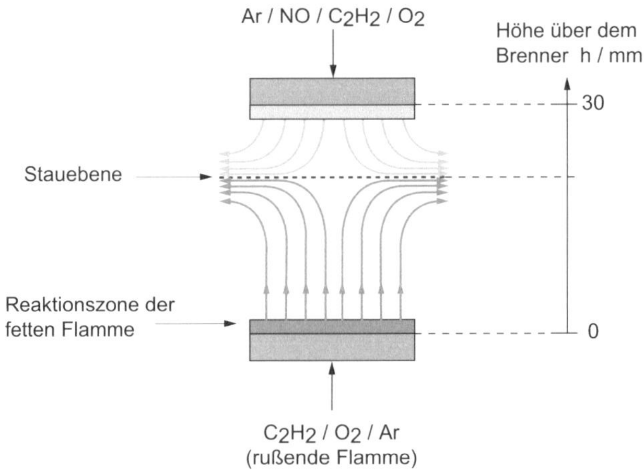

Abbildung 4.2: *Schema der Stromlinien in der Gegenstromanordnung*

Die beiden Flammen werden bei einem Unterdruck von 120 hPa betrieben. Dies streckt die Flammen, was zu einer guten örtlichen Auflösung führt. Dadurch können Zonen mit großen Gradienten leichter untersucht werden. Die Volumenströme und somit auch die Strömungsgeschwindigkeiten sind so gewählt, dass die Flamme laminar und stabil ist. Wie in Kapitel 5.1.2 dargelegt wird, ist das untersuchte System eindimensional, die Parameter der Flamme sind nur von der Höhe h über dem Brenner abhängig. Dies bedeutet, dass in den untersuchten rotationssymmetrischen, laminaren Diffusionsflammen keine Gradienten senkrecht zur vertikalen Achse vorliegen.

Durch unterschiedliche Konzentrationsverhältnisse von Brennstoff zu Oxidationsmittel kann der Rußgehalt der Flammen variiert werden. Dies drückt sich im C/O-Verhältnis des Frischgases aus, also dem Verhältnis von Kohlenstoffatomen, die dem Brennstoff entstammen, zu Sauerstoffatomen, die das Oxidationsmittel liefert. Ein größeres C/O-Verhältnis führt zu mehr Ruß in der Flamme. Im stöchiometrischen Fall beträgt das C/O-Verhältnis 0,4. Die Flamme brennt dann rußfrei. Die Parameter der untersuchten Flammen sind in den Tabellen 4.1 und 4.2 zusammengefasst. Durch die Kombination verschiedener Frischgaszusammensetzungen am unteren und am oberen Brenner können unter anderem die Auswirkungen von unterschiedlichen Rußkonzentrationen auf die Flamme oder auch die Effekte durch Zumischen von NO untersucht werden. Darüber hinaus können auch die Reaktionsbedingungen in der Flamme durch das unterschiedliche Sauerstoffangebot am oberen Brenner verändert werden.

Frischgaszusammensetzungen am unteren Brenner

Die Flammen am unteren Brenner weisen einen Inertgansanteil von 60 % am Gesamtvolumenstrom auf. Der Gesamtvolumenstrom beträgt bei allen Flammen 333,3 l_N/h. Die Volumenströme für Sauerstoff und Ethin bestimmen sich aus dem vorgegebenen C/O-Verhältnis. Teilweise erfordert die Messtechnik auch eine nicht rußende Flamme. Sie wird mit einem stöchiometrischen C/O-Verhältnis von 0,4 eingestellt.

Flamme	p [hPa]	C/O-Verhältnis	$\dot{V}$ [l_N/h] C_2H_2	$\dot{V}$ [l_N/h] O_2	$\dot{V}$ [l_N/h] Ar	$\dot{V}$ [l_N/h] NO
1	120	1,2	72,7	60,6	200,0	0,0
2	120	1,25	74,1	59,2	200,0	0,0
3	120	1,3	75,4	57,9	200,0	0,0
1 mit NO	120	1,16	72,7	60,6	196,0	4,0
nicht rußend	120	0,4	38,1	95,2	200,0	0,0
nicht rußend, mit NO	120	0,39	38,1	95,2	196,0	4,0

Tabelle 4.1: *Flammenparameter am unterer Brenner*

Frischgaszusammensetzungen am oberen Brenner

Die Frischgaszusammensetzung am oberen Brenner wird stärker variiert. Hier kann zum einen eine reine Inertgasströmung aufgebracht werden. Diese senkt die Temperatur der Gegenstromflamme deutlich. Die Verwendung einer oxidierenden Strömung am oberen Brenner, also ein Argon-Sauerstoff-Gemisch, ermöglicht die Beobachtung von oxidativen Effekten in einer zweiten Reaktionszone. Eine nicht rußende Flamme am oberen Brenner bietet Möglichkeiten weitere Interaktionen der Flammen zu untersuchen. Hier kommt es an der Stauebene zum Kontakt der unterer Flamme mit den Abgasen der oberen Flamme.

Flamme	$\dot{V}_{ges}$ [l_N/h]	C/O-Verhältnis	$\dot{V}$ [l_N/h] C_2H_2	$\dot{V}$ [l_N/h] O_2	$\dot{V}$ [l_N/h] Ar	$\dot{V}$ [l_N/h] NO
A	252,0	0,0	0,0	0,0	252,0	0,0
A_{NO}	252,0	0,0	0,0	0,0	244,4	7,56
B	250,2	0,0	0,0	24,3	225,9	0,0
B_{NO}	250,2	0,0	0,0	24,3	219,1	7,56
C	250,0	0,0	0,0	49,4	200,6	0,0
C_{NO}	250,0	0,0	0,0	49,4	194,6	7,56
D	333,9	0,5	44,4	88,9	200,6	0,0
D_{NO}	333,9	0,48	44,4	88,9	194,6	7,56
E	333,9	0,4	38,1	95,2	200,6	0,0
E_{NO}	333,9	0,39	38,1	95,2	194,6	7,56

Tabelle 4.2: *Flammenparameter am oberer Brenner*

Zumischung von Stickstoffmonoxid

Um die Auswirkungen von Stickstoffmonoxid in der Flamme zu untersuchen, wird es der Flamme beigemischt. Dies kann sowohl am oberen, als auch am unteren Brenner erfolgen. Die Konzentration richtet sich dabei nach dem Argonanteil. Die Sauerstoff- und die Ethin-Konzentration werden dabei nicht verändert um reproduzierbare Bedingungen der Rußbildung zu garantieren.

4.3 Extinktionsmessungen

4.3.1 Lasersystem und optischer Aufbau

Der experimentelle Aufbau zur Messung der Extinktion ist in Abbildung 4.3 dargestellt. Die Messungen erfolgen mit Hilfe eines leistungsstabilisierten Ar^+-Lasers (Spectra Physics, Modell 2020) bei 488 nm (Leistung: 200 mW), der die Flamme durchstrahlt. Die Detektion der Laserstrahlung erfolgt über einen Photomultiplier (Knott). Zur Abschwächung der Laserstrahlung, die auf den Photomultiplier (Abk.: PMT - **p**hoto**m**ultiplier **t**ube) fällt, ist vor ihm eine Streuscheibe und ein Graufilter (T = 10 %) angebracht. Darüberhinaus ist vor dem Photomultiplier ein Interferenzlinienfilter (λ_{max} = 489 nm; $\lambda/2$ = 1,6 nm) montiert, welcher der Wellenlängenseparation dient und so das Signal/Rauschen-Verhältnis verbessert.

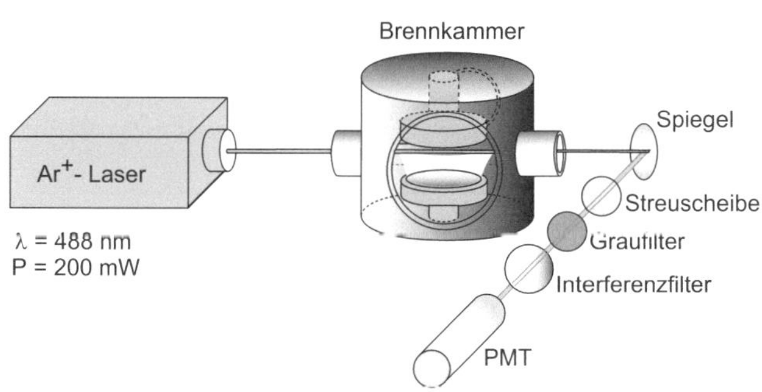

Abbildung 4.3: *Aufbau der Extinktionsmessung*

Die Aufzeichnung der Signalintensitäten des Photomultipiers erfolgt über einen x-y-Schreiber. Zusätzlich ist ein Multimeter angeschlossen, an dem die Ausgangsspannung angezeigt wird. Die Rußkonzentration wird nach dem Lambert-Beerschen Gesetz (Gleichung 3.1) mittels Verhältnisbildung der Signalintensitäten vor und nach Abschwächung bestimmt (Kapitel 3.1). Zunächst wird die Transmission durch eine nicht rußende Flamme bestimmt. Dies ergibt die Grundintensität I_0, bei der keine Signalabschwächung durch Ruß auftritt. Die Intensität nach Absorption I wird an der rußenden Flamme bestimmt. Nun können diese beiden Signalintensitäten zueinander ins Verhältnis gesetzt werden. Durch die Messung der nicht durch Ruß abgeschwächten Einstrahlintensität I_0 durch die Brennkammer hindurch, entfällt die Notwendigkeit, weitere Quellen der Intensitätsabschwächung, wie z.B. die Transmission der Fenster zu berücksichtigen. Da für jede Messhöhe sowohl I_0, als auch I direkt nacheinander bestimmt wird, ist das Messergebnis unabhängig gegenüber einer Veränderung der Umgebungsparameter über die Messdauer. Die auftretenden Intensitätsunterschiede zwischen I_0 und I sind sehr gering und können über den Schreiber nicht ausreichend sicher bestimmt werden. Aus diesem Grund wird eine Kompensationsschaltung eingesetzt, mit deren Hilfe Spannungsunterschiede bis 0,05 $\%$ der Grundspannung aufgelöst werden können.

Bei Durchstrahlexperimenten hat auch der die Flamme umgebende Gasraum einen Einfluss auf das Messergebnis. Dieser verfälscht die Messung in hohem Maße. Aus diesem Grund ist es notwendig, eine Möglichkeit zu finden, diesen unerwünschten Gasraum von der Messung auszunehmen. Bei der verwendeten Brennkammer besteht die Möglichkeit, den Laserstrahl bis zur Flamme durch mit Argon gespülte Schutzrohre zu führen (Kapitel 4.1). So können Wechselwirkungen außerhalb der zu untersuchenden Flamme ausgeschlossen werden. Eine Abschwächung der Laserintensität tritt nur innerhalb der Flamme auf. Die Schutzrohre sind nach außen hin mit einer Skalierung versehen. So kann, wenn beide Schutzrohre bis zum Flammenrand in die Brennkammer eingeschoben sind, auch der Flammendurchmesser bestimmt werden. Dieser geht als Weglänge x in die Auswertung ein.

4.3.2 Auswertung der Daten

Die am Photomultiplier mit Hilfe der Kompensationsschaltung gemessenen Spannungen liegen als Aufzeichnung eines x-t-Schreibers vor. So kann eine Referenzspannung U_0, die der Einstrahlintensität I_0 ohne Ruß proportional ist, und eine dazugehörige Spannungsdifferenz ΔU ermittelt werden. Die Spannungsdifferenz ΔU ist der Abschwächung der Strahlung proportional, also der Differenz der Intensität bei Einstrahlung I_0 und der Intensität nach der Durchstrahlung der Flamme I ($\Delta U \propto I_0 - I$). Aus den Daten wird mit Hilfe eines Auswertungsprogramms der Rußvolumenbruch f_V berechnet. Dies geschieht analog zu Gleichung 3.6.

Dic Mcssung der Extinktion erfolgt bei verschiedenen Abständen zum unteren Brenner, sodass als Ergebnis der Rußvolumenbruch als Funktion der Höhe über dem Brenner angegeben werden kann. Die Lage der Bezugsebene und die Bezeichnung des Messortes sind in Abbildung 4.2 skizziert.

Bei der Berechnung des Rußvolumenbruchs wird der Imaginärteil des Quotienten des komplexen Brechungsindex als $\mathcal{I}m\left(\frac{m^2-1}{m^2+2}\right) = 0,2727$ herangezogen, die Wellenlänge des Lasers beträgt $\lambda = 488$ nm und die Dichte von Ruß 1860 g/dm^3. Weiterhin geht die Weglänge L, die über den Abstand der Schutzrohre bestimmt wird, in die Berechnung ein.

4.4 Temperaturmessung mittels Zwei-Farben-Pyrometrie

4.4.1 Optischer Aufbau

Die Zwei-Farben-Pyrometrie nutzt das Flammeneigenleuchten, also die von der Flamme emittierte Wärmestrahlung als Messsignal. Aus diesem Grund ist keine Anregung einer Strahlung nötig. Das Eigenleuchten des Rußes wird bei zwei Wellenlängen detektiert, der schematische Messaufbau ist in Abbildung 4.4 gezeigt.

Mittels dichroitischer Platte wird das von der Flamme emittierte Licht in einen Wellenlängenbereich $<$ 500 nm, der unter 90° reflektiert wird und einen Wellenlängenbereich $>$ 500 nm, der transmittiert wird, aufgeteilt. Der reflektierte Teilstrahl passiert einen Interferenzlinienfilter bei 426 nm ($\lambda_{1/2} = 15$ nm). Der transmittierte Teilstrahl wird mit Hilfe eines Silberspiegels umgelenkt und ebenfalls mit einem Interferenzlinienfilter bei 755 nm ($\lambda_{1/2} = 9$ nm) spektral verschmälert. In beiden Fällen wird das Messsignal über ein Objektiv (Nikkor 105 mm, f/1.8) auf eine ICCD-Kamera (LaVision, DynaMight) abgebildet. Die Datenaufnahme erfolgt mit der Software DaVis (LaVision). Die ICCD-Kameras und eine ausreichend große Optik ermöglichen es, das Eigenleuchten 2-dimensional zu detektieren. Bei der Justage ist darauf zu achten, dass die optische Weglänge bei beiden Kameras gleich ist, damit der Abbildungsmaßstab übereinstimmt und die Signale zueinander ins Verhältnis gesetzt werden können.

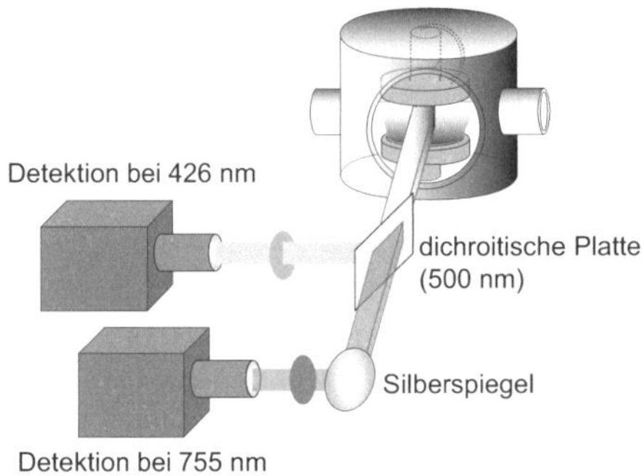

Abbildung 4.4: *Aufbau der Zwei-Farben-Pyrometrie-Messung*

4.4.2 Auswertung der Daten

Die Kamera-Software DaVis dient auch zur Auswertung der Daten. Um das Signal zu verbessern, werden keine Einzelaufnahmen ausgewertet, sondern es werden 50 Bilder gemittelt. Da die Flamme laminar und damit stationär ist, ist dies zur Signalverbesserung legitim.

Das aufgenommene Eigenleuchten kann zur Temperaturbestimmung herangezogen werden, wenn das Verhältnis der Intensitäten der beiden Wellenlängen vorher kalibriert wurde. Zu diesem Zweck wird am Messort eine Wolframbandlampe (Osram) angebracht, bei der die Temperatur des Glühdrahtes als Funktion der angelegten Spannung gegeben ist. Somit kann eine Lichtintensität aufgenommen werden, die dem Leuchten eines schwarzen Strahlers bei einer bestimmten Temperatur und Wellenlänge entspricht. Es muss hierbei beachtet werden, dass für die beobachteten Wellenlängen der Strahlung ein unterschiedliches Emissionsvermögen des Wolframbandes vorliegt [67, 68]. Bei MA ET AL. [69] ist die Berechnung des Emissionsvermögens in Abhängigkeit von Temperatur und Wellenlänge mittels eines Polynoms 5. Grades beschrieben.

Die Auswertung der Temperatur der Flamme erfolgt als Funktion der Höhe über dem Brenner (vgl. Abbildung 4.2).

Die zweidimensional vorliegenden Abbildungen des Flammeneigenleuchtens können weiterhin zur Bestätigung der in Kapitel 4.2 beschriebenen Eindimensionalität der Flamme herangezogen werden.

4.5 Absorptionsmessungen

4.5.1 Lasersystem und optischer Aufbau

Bei den Absorptionsmessungen werden Energieübergänge im Molekül direkt angeregt. Dazu muss der Laser bei bestimmten, diskreten Wellenlängen emittieren. Nur dann können geeignete Übergänge selektiv angeregt und die dabei auftretende Absorption gemessen werden. Die Auswahl dieser Übergänge ist in Kapitel 3 beschrieben.

Die Variabilität in der Wellenlänge der Laserstrahlung kann mit Hilfe eines Farbstofflasers erreicht werden. Dieser bietet die Möglichkeit, mit Hilfe eines optischen Gitters schmalbandig definierte Wellenlängen zu emittieren. Der Variationsbereich wird durch den eingesetzten Farbstoff bestimmt. In diesem Fall handelt es sich um ein System, das aus einem Excimer-Laser (Lambda Physik LPX205) als Pumplaser besteht. Dieser pumpt mit 308 nm einen nachgeschalteten Farbstofflaser (Lambda Physik SCAN MATE). Der eingesetzte Farbstoff ist Coumarin 120, womit Laserstrahlung in einem Wellenlängenbereich von 423 nm bis 462 nm erzeugt werden kann. Da aber die anzuregenden Linien bei Wellenlängen von etwa 226 nm liegen, ist dem Farbstofflaser ein Frequenzverdoppler nachgeschaltet. So kann die Wellenlänge der Laserstrahlung des Farbstofflasers von 452 nm auf 226 nm halbiert werden. Die Abstimmbarkeit des Farbstofflasers bietet die Möglichkeit die Wellenlänge nach dem Frequenzverdoppler in Schritten von 0,0005 nm zu variieren.

Der frequenzverdoppelte Farbstofflaser emittiert Strahlung mit einer Energie im Bereich von etwa 1 - 4 mJ. Diese Energie ist für die Untersuchung von Absorptionspektren zu hoch, da die betrachteten Rotationsübergänge abgesättigt würden. Unter Sättigung wird die Anhebung der Moleküle in angeregte Zustände in einem Umfang verstanden, der nicht mehr durch Emission, verbunden mit Energieabgabe, kompensiert werden kann. Dies führt dazu, dass die betroffenen Energieniveaus komplett besetzt werden. Eine weitere Energieaufnahme dieser

Grundzustände ist nicht mehr möglich, also auch keine weitere Absorption von Laserstrahlung. Wird trotzdem weiter Energie zugeführt, verhält sich ein abgesättigtes System nicht mehr linear.

Die Sättigungsintensität kann entsprechend Gleichung 4.1 berechnet werden [47]:

$$I^{\nu}_{sat} = \frac{(A_{21} + Q_{21}) \cdot c^2}{B_{12} + B_{21}} \ . \tag{4.1}$$

Da die Einsteinkoeffizienten A_{21}, B_{12}, B_{21} und Q_{21} für jeden Übergang spezifisch sind, ergibt sich für jeden Übergang eine charakteristische Sättigungsintensität. Die im Experiment vom Laser eingebrachte Energiemenge muss für jeden untersuchten Übergang unter dieser Schwelle liegen, ansonsten ist eine Temperatur- und Konzentrationsmessung mit der beschriebenen Methode nicht möglich.

Die spektrale Leistungsdichte des Lasers berechnet sich aus der emittierten Energie, bezogen auf die Zeit des Laserpulses, die Querschnittsfläche des Strahls und die spektrale Breite. Diese darf die Sättigungsintensität der jeweiligen Rotationsübergänge nicht überschreiten. Sowohl die Energie der einfallenden Laserstrahlung, als auch die Querschnittsfläche der Strahlung, beeinflussen also die spektrale Leistungsdichte. Somit kann das Erreichen der Sättigungsintensität dadurch vermieden werden, dass die Energie des Lasers verringert und/oder die Querschnittsfläche des Laserstrahls erhöht wird. Im Rahmen des Versuchsaufbaus muss eine Möglichkeit gefunden werden, die Leistungsdichte so zu verringern, dass Sättigung in jedem Fall vermieden wird. Gleichzeitig darf die Laserenergie aber nicht so schwach werden, dass das zu detektierende Signal kein ausreichend gutes Signal/Rauschen-Verhältnis mehr aufweist.

Zur Messung der eingestrahlten Intensität wird ein Teil des Laserstrahls vor der Brennkammer mittels einer Quarzplatte ausgekoppelt und die Einstrahlintensität I_0 gemessen. Die restliche Laserstrahlung passiert die Brennkammer mit der zu untersuchenden Flamme. Beide Teilstrahlen werden nach weiterer Abschwächung mittels Streuscheiben, Strahlteilern und Blenden auf Photomultiplier gelenkt (Electron Tubes 9111B). Diese detektieren die einfallende Laserstrahlung. Das resultierende Spannungssignal ist proportional zur einfallenden Intensität und kann mit Hilfe eines Speicheroszilloskops (Le Croy Wave Runner 6050) zeitabhängig aufgenommen werden.

Der Laser arbeitet gepulst. Aus diesem Grund ist es notwendig, die Aufnahme des Spannungssignals der Photomultiplier auf den einfallenden Laserpuls abzustimmen. Eine Pulsuhr (Stanford Research System DG535), die vom Laser als Master getaktet wird, gibt die Triggersignale an das Oszilloskop weiter und steuert so zeitlich die Aufnahme der Spannungssignale der Photomultiplier. Dabei ist auch die zusätzliche Laufzeit des transmittierenden Laserstrahls durch eine zusätzliche zeitliche Verschiebung eines der beiden Messignale zu berücksichtigen. Auf dem Oszilloskop können zur Verbesserung des Signal/Rauschen-Verhältnisses und zur Eliminierung von Schwankungen des Spannungssignals, die von Instabilitäten der Laserintensität ausgehen, Einzelsignale gemittelt werden. Hierbei hat sich eine Mittelung über 200 Laserpulse als geeignet erwiesen.

Wie bereits erwähnt, ist es notwendig, den einfallenden Laserstrahl gezielt abzuschwächen. Mittels eines Galilei-Teleskops wird der Laserstrahl aufgeweitet, wodurch sich der Laserfluss, also die Energie pro Fläche reduziert. Ein Teil der Laserstrahlung kann dann mit einer Blende vor der Brennkammer ausgeblendet werden. Dadurch verringert sich die Energie des in die Brennkammer einfallenden Laserstrahls und der Strahldurchmesser wird kreisförmig begrenzt, Randbereiche mit ungleichmäßiger Energieverteilung werden ausgeblendet. Das Galilei-Teleskop garantiert darüber hinaus einen parallelen, nicht divergierenden Laserstrahl. Da dies notwendig ist, um eine über dem Flammendurchmesser integrale Messung mit an jeder Stelle gleichem Durchmesser des Messvolumens durchführen zu können, ist das Galilei-Teleskop unverzichtbarer Bestandteil des Messaufbaus. Eine Aufweitung mittels Kepler-Teleskops eignet sich wegen des Fokuses zwischen den Linsen nicht. Hier wäre die Leistungsdichte so groß, das die Ionisation der Luft nicht ausgeschlossen werden kann.

Die Abschwächung des Laserflusses durch Verwendung eines Teleskops und die Ausblendung eines Teils der Laserstrahlung per Blende reicht aber nicht aus, die einfallende Strahlung ausreichend abzuschwächen. Aus diesem Grund sind weitere Maßnahmen notwendig.

Ein Polarisatorenpaar bietet die Möglichkeit der variablen Abschwächung der Strahlung. Die Polarisatoren werden paarweise eingesetzt, damit der entstehende Strahlversatz ausgeglichen werden kann. In Abhängigkeit vom Einfallswinkel transmittieren die Polarisatoren einen definierten Anteil der auftreffenden Strahlung. So kann durch Änderung des Einfallswinkels der Laserstrahlung, was durch Drehung der Polarisatoren erreicht wird, die Abschwächung variiert werden (Abbildung 4.5).

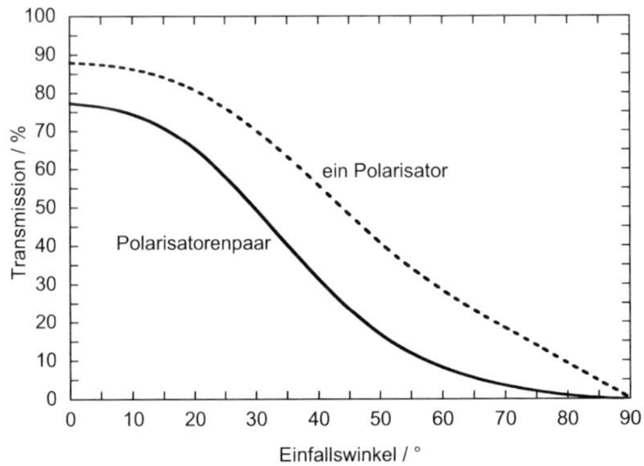

Abbildung 4.5: *Transmission mit einem einzelnen Polarisator und mit zwei Polarisatoren als Funktion des Einfallswinkels*

Messungen der Absorption an NO in kalten Argon-Strömungen zur Überprüfung des Abschwächungsverhaltens des beschriebenen Systems ergeben Unstimmigkeiten. Das Abschwächungsverhalten, das in Abbildung 4.5 dargestellt ist, kann nicht nachgewiesen werden. Die Absorptionslinien, die detektiert werden, sind stark verbreitert und teilweise kaum aufzulösen. Dies wird darauf zurückgeführt, dass die Polarisatoren zwar die Laserstrahlung im angegebenen Wellenlängenbereich abschwächen, der breitbandige Strahlungsuntergrund aber nicht abgeschwächt wird. Die breitbandige Untergrundstrahlung hat keinen Anteil an der Absorption durch die NO-Moleküle und passiert die Strömung somit ohne Abschwächung. Dies hat zur Folge, dass der breitbandige Untergrund bei zunehmender Abschwächung das Messsignal immer stärker überlagert und das Signal/Rauschen-Verhältnis stark verschlechtert.

Diese Methode zur variablen Abschwächung führt nicht zum gewünschten Erfolg. Die durchgeführten Versuche zeigen, dass eine gezielte Verringerung der Laserleistung bei gleichzeitiger Beibehaltung der spektralen Eigenschaften des Laserstrahls auf diese Weise nicht möglich ist. Aus diesem Grund wird die Abschwächung der Laserstrahlung durch Polarisatoren verworfen und die Optiken werden wieder aus dem Strahlengang entfernt.

Es muss ein neues Verfahren zur Abschwächung der Laserstrahlung gefunden werden. Nach einer Reihe von weiteren Versuchen stellt sich heraus, dass der Einsatz von Strahlteilern gute Ergebnisse liefert. Mit ihnen ist die Abschwächung zwar nicht mehr fein regulierbar, aber der Bereich der Energie kann so eingestellt werden, dass gute Absorptionssignale zu detektieren sind und eine Absättigung der Übergänge vermieden wird. Eine Veränderung der spektralen Eigenschaften des Laserstrahls findet nicht statt. Auch sonst sind keine störenden Effekte festzustellen. Die abgeschwächte Laserstrahlung weist auch nach Passieren der Strahlteiler die homogene und kreisförmige Leistungsverteilung auf, die mit dem Galilei-Teleskop eingestellt wird, lediglich die Intensität über die Fläche ist abgeschwächt.

Das Verfahren der Abschwächung mittels Strahlteilern hat sich in Vorversuchen bewährt. Infolgedessen wird es für die weiteren Versuche in den optischen Aufbau der Absorptionsmessung integriert. Ein Umlenkspiegel im Strahlengang zwischen Laser und Brennkammer wird durch eine unbeschichtete Quarzglasplatte ersetzt. Diese hat die Eigenschaft, an der Oberfläche nur etwa 10 % der einfallenden Strahlung zu reflektieren. Der restliche Anteil der Strahlung wird transmittiert und kann in einer Strahlfalle ausgeblendet werden. Damit verringert sich die einfallende Laserintensität um 90 %.

Mit dieser Konfiguration ist es noch immer nicht möglich, die Sättigung der Rotationsübergänge sicher zu vermeiden. Bei der Messung der NO-Spektren treten weiterhin Nichtlinearitäten auf. Zur weitern Verringerung der Laserintensität wird zusätzlich ein hochreflektierender Laserspiegel unter etwa 10° in den Strahlengang eingesetzt. So wird die hohe Reflexionsrate von 99,75 % dazu genutzt, die Laserstrahlung abzuschwächen. Nur 0,25 % der einfallenden Intensität werden transmittiert. Die reflektierte Strahlung wird mit einer weiteren Strahlfalle ausgeblendet. Damit reduziert sich die einfallende Laserleistung extrem stark (auf 0,025 % der vom Laser emittierten Leistung). Diese Abschwächung wiederum stellt sich in Experimenten als deutlich zu hoch heraus. Das an den Photomultipliern detektierte Signal ist sehr schwach und damit das Signal/Rauschen-Verhältnis zu gering. Zur Erzielung reproduzierbarer Ergebnisse muss der Versuchsaufbau weiter modifiziert werden.

Nach einer Reihe weiterer Versuchen mit verschiedenen Anordnungen stellt sich die Abschwächung mit einer weiteren Quarzplatte anstelle des hochreflektierenden Umlenkspiegels als geeignete Methode dar. Damit übernehmen zwei Quarzglasplatten, die als Strahlteiler fungieren und bei denen der größere Anteil der Energie in Strahlfallen vernichtet wird, die Funktion der Strahlabschwächung. Von der vom Laser emittierten Leistung wird nur etwa 1 % zur Messung der Absorptionsspektren genutzt. Damit ist der Messaufbau soweit optimiert und eine geeignete Konfiguration an Abschwächungsoptiken gefunden, dass es möglich ist, Absorptionsspektren mit einem guten Signal/Rauschen-Verhältnis zu messen und gleichzeitig die Absättigung einzelner Rotationsübergänge sicher zu vermeiden.

Bei den Messungen ist weiterhin zu beachten, dass die Photomultiplier sehr empfindlich auf Streustrahlung reagieren. Reflexe und Streueffekte im Aufbau müssen soweit wie möglich ausgeschlossen werden, um Artefakte zu vermeiden. Weiterhin stört auch das Raumlicht die Messergebnisse, sodass im abgedunkelten Labor zu arbeiten ist.

Abbildung 4.6 stellt den kompletten Messaufbau dar. Der Laserstrahl wird über Strahlteiler und ein Galilei-Teleskop bis auf eine geeignete spektrale Leistungsdichte herunter abgeschwächt. Die einfallende Intensität der Laserstrahlung I_0 wird über einen Strahlteiler auf dem ersten Photomultiplier abgegriffen. Der Messstrahl passiert die Brennkammer und wird hinter der Brennkammer auf dem zweiten Photomultiplier detektiert. Vor beiden Photomultipliern ist eine weitere Abschwächung der Intensität notwendig, um eine Zerstörung bzw. Übersteuerung zu vermeiden. Die Verarbeitung der Messsignale erfolgt über ein Speicheroszilloskop.

Wie bei den Extinktionsmessungen (vgl. Kapitel 4.3) darf auch bei den Absorptionsmessungen der die Flamme umgebende Gasraum nicht in die Messung mit eingehen. Daher werden auch bei diesen Messungen die Schutzrohre analog zu den Extinktionsmessungen eingesetzt, wobei der Abstand der Schutzrohre zueinander die Länge der Absorptionsstrecke definiert.

Im Verlauf der Untersuchungen zeigt sich, dass die Signalintensitäten der Absorptionslinien vor allem in rußenden Flammen zu schwach sind, um auswertbar zu sein. Auch bei den nicht rußenden Flammen ist der Bereich in der Flamme, in dem sinnvoll gemessen werden kann, sehr klein. Sollen bessere Signalintensitäten erreicht werden, so ist es notwendig, die Gesamtabsorption zu erhöhen. Damit steigt das Absorptionssignal, es kann gegenüber dem Untergrund besser aufgelöst werden. Nach Gleichung 3.37 kann die Transmission bei einer festen Wellenzahl nur durch Vergrößerung der optischen Weglänge erreicht werden. Der Durchmesser der Flamme ist begrenzt und kann nicht vergrößert werden. Die Lösung dieses Konfliktes besteht darin, die Absorptionsstrecke mehrfach zu durchlaufen. Dazu wird der Laserstrahl nach Brennkammerdurchtritt nicht auf den Photomultiplier gelenkt, sondern er fällt auf einen zusätzlich eingesetzten hochreflektierenden Laserspiegel. Dieser reflektiert den Laserstrahl zurück durch die Brennkammer. Damit ist die Absorptionsstrecke verdoppelt. Um das Absorptionssignal

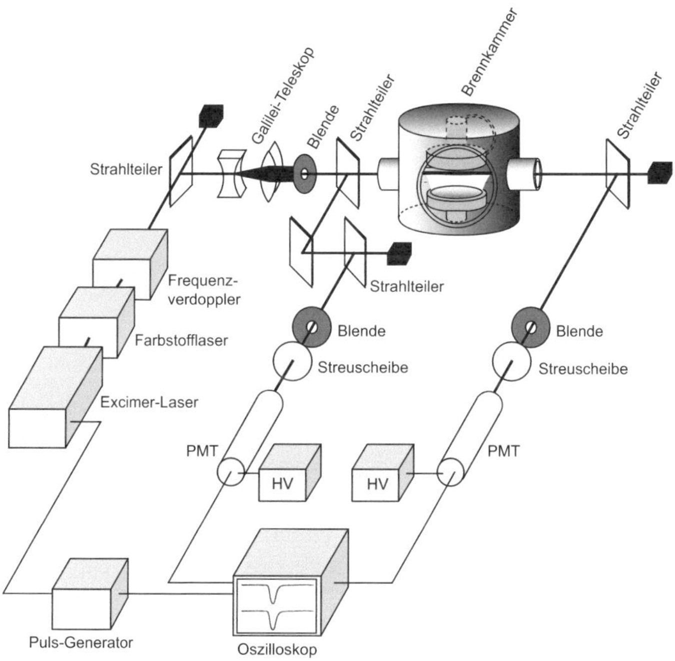

Abbildung 4.6: *Aufbau der Absorpionsmessung*

noch weiter zu erhöhen, wird der Laserstrahl mit Hilfe eines zweiten Laserspiegels erneut reflektiert und ein drittes mal durch die Brennkammer geführt. Danach trifft er auf den Detektions-Photomultiplier hinter der Brennkammer. Somit läuft der Laserstrahl dreimal durch die Flamme, die Absorptionsstrecke wird also verdreifacht und das zu messende Absorptionssignal signifikant verbessert. Die Spiegel sind so zu justieren, dass die Höhe des Laserstrahls über dem Brenner auf jeden Fall über die gesamte Absorptionsstrecke gleich ist. Ansonsten würde die Absorptionsmessung ein Signal liefern, das nicht mehr sauber räumlich aufgelöst ist. Es würde einen undefinierten Mittelwert über einen breiten Flammenbereich darstellen. Auch der horizontale Versatz des Laserstrahls muss so klein wie möglich gehalten werden. Hier sind aber durch die Rotationssymmetrie der Flamme in horizontaler Ebene keine signifikanten Störungen des Ergebnisses zu erwarten.

Durch diese Verlängerung der Absorptionsstrecke kann eine deutliche Verbesserung der Signalqualität realisiert werden. Mit dieser optimierten Konfiguration der Messoptiken ist es möglich, im Fall der nicht rußenden Flamme einen deutlich größeren Bereich der Flamme zu untersuchen, da auch niedrige NO-Konzentrationen noch ausreichend Signal liefern. Im Fall der rußenden Flamme wird durch diese Maßnahme eine Messung erst möglich. Bei dem ursprünglichen Versuchsaufbau ist das Absorptionssignal in Relation zu den Störsignalen zu schwach, um eine Auswertung möglich zu machen. Der modifizierte Aufbau mit der dreifachen Strahlführung durch die Flamme ist sehr sensibel gegen kleinste Störungen. Um eine zuverlässige Messung über der Höhe zu gewährleisten, ist daher eine Justage der Optik vor jeder Messung notwendig.

4.5.2 Auswertung der Daten

In Kapitel 3.3 werden die theoretischen Grundlagen der Absorptionsmessungen beschrieben. Daraus ergibt sich, dass eine Konzentrationsmessung einer Spezies mittels Absorption nur dann möglich ist, wenn die Temperatur des Systems bekannt ist. Diese liegt im hier vorliegenden Fall aber nicht für alle Bereiche der Flamme vor. Folglich müssen den Konzentrationsmessungen Temperaturmessungen vorausgehen. Diese basieren ebenfalls auf Absorptionsmessungen (vgl. Kapitel 3.3.2). Wird die Absorption zweier Linien zueinander ins Verhältnis gesetzt, dann ist das Ergebnis von der Konzentration des absorbierenden Stoffes unabhängig, nicht aber von der Temperatur. Aus dem Verhältnis der Absorptionslinien kann die Temperatur der Flamme bestimmt werden. Mit bekannter Temperatur kann für die einzelnen Absorptionswerte auch die zu Grunde liegende Spezieskonzentration bestimmt werden.

Die Messungen mit den Photomultipliern ergeben zeitlich aufgelöste Spannungsinformationen, die der einfallenden Strahlungsintensität proportional sind. Diese Spannungskurven werden über die Pulsdauer des Lasers integriert und zueinander ins Verhältnis gesetzt. Dabei muss die zeitliche Verschiebung des Messsignals von I gegenüber dem von I_0 durch die Verlängerung der Messstrecke (vgl. Kapitel 4.5.1) innerhalb der Flamme berücksichtigt werden. Weiterhin muss das Verhältnis der beiden Spannungen normiert werden. Artefakte durch unterschiedliche Abschwächung und unterschiedliche Eigenschaften der Detektionsoptik können so vermieden werden. Diese Normierung findet bei nicht resonanten Wellenlängen statt, bei denen weder Absorption noch Fluoreszenz auftritt. Werden rußende Flammen untersucht, so muss die Absorption bzw. Extinktion, die durch den Ruß bedingt ist, eliminiert werden. Dazu sind ebenfalls Normierungsmessungen nötig, die im zu untersuchenden Wellenlängenbereich bei Flammen ohne NO durchgeführt werden. Auch dieser Anteil der Abschwächung muss in der

Auswertung der Messsignale entsprechend berücksichtigt werden. Nach diesen Maßnahmen kann das bereinigte NO-Absorptionsspektrum ausgewertet werden.

Nach Gleichung 3.43 und 3.44 ist es möglich, aus den gemessenen Absorptionsspektren über die Transmissionsgrade der einzelnen Übergänge die Temperatur und die NO-Konzentration analytisch zu bestimmen. In der Praxis zeigt sich, dass die Bestimmung der Transmissionsgrade aus den Peakintegralen eine große Herausforderung darstellt. Die Bestimmung der Peakintegrale einzelner Linien ist aufgrund von häufig auftretenden Störungen mit großen Unsicherheiten behaftet. Dass dies nicht der einzige Grund für die Schwierigkeiten ist, zeigt die Bestimmung von Temperatur und Konzentration aus Spektren, die mit LIFSim simuliert sind und bei denen die der Simulation zugrundeliegenden Parameter bekannt sind. Auch hier ist es trotz störungsfreier Spektren nicht möglich, mittels analytischer Auswertung die vorgegebene Temperatur und Spezieskonzentration mit hoher Genauigkeit zu bestimmen. Dies ist darauf zurückzuführen, dass sich k_L teilweise nur sehr wenig mit der Temperatur ändert. Die Temperaturkoeffizienten der Absorptionskoeffizienten (vgl. Abbildung 3.4) sind im Bereich der untersuchten Flammentemperaturen zu klein, um auf diesem Weg gute Ergebnisse zu erhalten. Dazu kommt, dass auch bei den störungsfreien Spektren die Bestimmung der Peakintegrale mit einem kleinen Fehler behaftet ist, der aufgrund der starken Empfindlichkeit der Absorptionskoeffizienten zu großen Fehlern in der Temperaturbestimmung führt und damit auch eine korrekte Bestimmung der Konzentration verhindert. Die analytische Auswertung der Spektren bezüglich Temperatur und Konzentration stellt sich bei den vorliegenden Bedingungen als ungeeignet heraus. Es ist folglich notwendig, einen geeigneteren Weg zu finden, die gemessenen Spektren auszuwerten.

Bessere Ergebnisse liefert die Kombination von gemessenen und simulierten Spektren. Aus Spektren, die mittels LIFSim simuliert sind, wird die Transmission der betrachteten Rotationsübergänge bestimmt. Die Logarithmen der Linientransmissionen werden anschließend für die untersuchten Linienpaare zueinander ins Verhältnis gesetzt. Für viele Temperaturen durchgeführt, können Kurven für die einzelnen Linienpaare bestimmt werden, die den Verlauf der Verhältnisse über der Temperatur beschreiben (vgl. Abbildung 3.5). Mit Hilfe dieser Abhängigkeit ist es möglich, aus gemessenen Transmissionsverhältnissen die Temperatur zu bestimmen. Wird die Temperatur der gleichen Messung auf diese Art für unterschiedliche Linienpaare bestimmt, so ergeben sich teils sehr große Unterschiede in der jeweils ermittelten Temperatur. Ein möglicher Grund dafür liegt darin, dass manche Linienpaare in bestimmten Temperaturbereichen nur sehr schwache Temperaturkoeffizienten zeigen, was den möglichen Fehler erhöht. Darüber hinaus wirken sich Fehler in der Bestimmung der Peakintegrale in Abhängigkeit von den gewählten Linienpaaren unterschiedlich auf die Temperaturbestimmung aus. Auch diese Art der Auswertung der Absorptionsspektren ist zu stark fehlerbehaftet, weswegen einer genaueren Auswertemethode der Vorzug gegeben werden muss.

Aus diesem Grund wird auf das schon beschriebene Computerprogramm (vgl. Kapitel 3.3.4) zurückgegriffen, das Absorptionsspektren simuliert und dabei Temperatur und Spezieskonzentration per multidimensionalem Parameterfit derart variiert, dass ein Spektrum mit minimaler Abweichung (nach der Methode der kleinsten Quadrate) zum gemessenen Spektrum gefunden wird. Dieses Spektrum ist dann durch eine bestimmte Temperatur und Konzentration der absorbierenden Spezies charakterisiert. Mit dieser Methode können weitaus bessere Ergebnisse erzielt werden. Stellen sich bei der Auswertung der Spektren, wie es bei den Messungen mit Ruß teilweise der Fall ist, Absorptionslinien als stark gestört heraus, so ist es mittels dieser Methode möglich, bestimmte Absorptionslinien weniger oder gar nicht bei der Auswertung zu berücksichtigen. Auf diese Weise können auch Überlagerungen im Spektrum ausgeglichen werden, was bei der analytischen Integration nicht möglich ist. Diese Art der Auswertung weist ein deutlich geringeres Fehlerpotential auf, als die beiden vorher beschriebenen Verfahren. Es entfällt zum einen die stark fehlerbehaftete Bestimmung der Peakintegrale. Durch die Betrachtung der Gesamtheit des gemessenen Spektrums wird zum anderen die geringe Sensitivität der sich teilweise nur wenig mit der Temperatur ändernden Absorptionskoeffizienten einzelner Linien ausgeglichen. Damit ist ein Auswerteverfahren gefunden, das es ermöglicht, aus den gemessenen Absorptionsspektren mit sehr guter Genauigkeit Temperaturen und Konzentrationen zu bestimmen.

5 Modellierung der Flammen

Zusätzlich zu den Messungen werden die Gegenstromflammen mathematisch modelliert. Dies geschieht, um die Wechselwirkungen zwischen Ruß- und Stickstoffmonoxid-Reaktionen genauer zu untersuchen. Die Simulation bietet die Möglichkeit, durch Veränderung des mathematischen Modells oder der Reaktionsmechanismen herauszufinden, welche Parameter die Ergebnisse der Simulationsrechnungen derart verbessern, dass sie die Messergebnisse am besten widerspiegeln. Auf diese Weise können die Reaktionsmechanismen und die Modelle der ablaufenden Reaktionen gezielt optimiert werden, was darüber hinaus zu einem besseren Verständnis der Vorgänge in der Flamme beiträgt.

Die Modellierung der Flammen erfolgt mit dem Programm SOFOKLES, das im Folgenden kurz erläutert wird.

5.1 SOFOKLES

SOFOKLES (Modeling **So**ot **Fo**rmation with Detailed **K**inetics) ist ein FORTRAN Programm, das in der Lage ist, die Molenbrüche der Spezies in vorgemischten Flammen, Gegenstromflammen und laminaren Diffusions-Flamelets zu berechnen. Dabei wird ein detaillierter kinetischer Mechanismus für die Gasphase verwendet. Darüber hinaus werden die Bildung und der Abbau von Ruß in der Flamme simuliert.

Die Mechanismen der Rußbildung und die NO-Reaktionen sind in Kapitel 2.1 bis 2.3 grundlegend beschrieben. Der vollständige Gasphasenmechanismus findet sich bei APPEL [11]. Hier werden nur die Grundlagen der mathematischen Modellierung näher erläutert.

SOFOKLES arbeitet mit zwei Hilfsprogrammen, die ihm die Informationen aus dem Mechanismus, die thermodynamischen Daten und die Transportdaten als Binärdateien zur Verfügung stellen. Diese entstammen dem CHEMKIN II Programmpaket. Neben den üblichen Schlüsselbefehlen aus PREMIX [70] sind zusätzliche Befehle eingeführt, um etwa die Rußsimulation oder die Gegenstrombedingungen besser steuern zu können. Weiterhin wird zum Lösen der Integrale auf TWOPNT [71] zurückgegriffen.

5.1.1 Rußbildung

Die Rußbildung stellt ein komplexes System von miteinander gekoppelten Teilprozessen dar. Bei der Formulierung mathematischer Modelle haben sich die folgenden Prozessen als die relevantesten erwiesen:

- Partikelbildung,
- Koagulation,
- Aggregation,
- Wachstum durch Anlagerung von aromatischen Verbindungen,
- Oberflächenwachstum,
- Oxidation.

Für eine realistische Beschreibung der Rußbildung in Flammen ist es notwendig, die Hauptverbrennungsreaktionen so genau wie möglich zu simulieren. Daraus ergibt sich die Bildung und das Wachstum der PAKs und somit die Partikelbildung. Die Vorgänge, die die Partikel betreffen, werden durch heterogene Reaktionen an der Rußoberfläche und durch Koagulationsprozesse bestimmt.

Ein detailliertes Modell zur Beschreibung der Bildung und Oxidation von Ruß enthält eine Vielzahl von Parametern und thermodynamischen Daten. Über die kinetischen Parameter kann die Temperatur- und Druckabhängigkeit der chemischen Reaktionen beschrieben werden. Diese Abhängigkeiten sind aber nicht für alle chemischen Reaktionen, die bei der Verbrennung von Kohlenwasserstoffen ablaufen, ausreichend genau bekannt, so dass das verwendete Modell durch Vergleich von Messung und Simulation angepasst und verfeinert werden muss. Eine Möglichkeit, die Vielzahl an Gleichungen zu reduzieren, bietet unter anderem die Momentenmethode nach FRENKLACH [72]. Bei ihr werden statistische Momente der Partikelgrößenverteilung des Rußes bestimmt, statt der Verteilung selbst.

Die Modellierung der Rußbildung kann in drei grundlegende Stufen unterteilt werden: die Gasphasenchemie, die Polymerisation der PAKs und die Bildung und das Wachstum von Ruß. Schematisch ist dies in Abbildung 5.1 dargestellt.

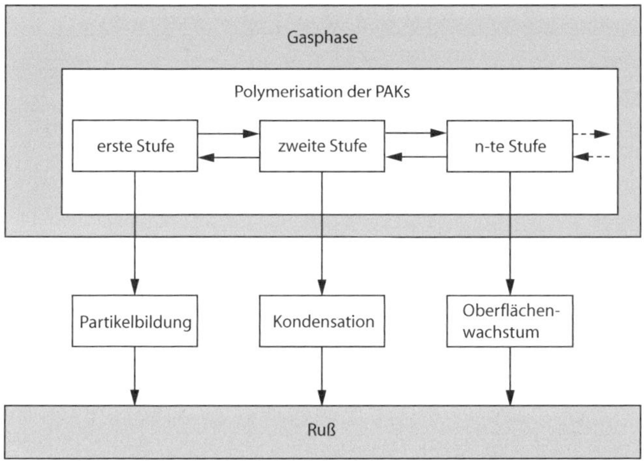

Abbildung 5.1: *Schema des Modells zur Rußbildung [6]*

Die Gasphasenchemie wird mit Hilfe eines detaillierten Mechanismus beschrieben, der von WANG UND FRENKLACH [9] publiziert wurde und auf dem GRI1.2 Mechanismus [73] aufbaut. Von APPEL [11] wurde er hinsichtlich der Oxidation des Vinylradikals optimiert. Bei der Bildung erster aromatischer Ringe ist das Acetylenmolekül ein maßgeblicher Reaktionspartner. Hieraus entstehen erste lineare aliphatische Kohlenwasserstoffe mit drei bis sechs Kohlenstoffatomen aus denen das Benzolmolekül als erste Ringstruktur hervorgeht. Auch hier wird auf den Mechanismus von WANG UND FRENKLACH [9] zurückgegriffen. Das Wachstum der polyzyklischen aromatischen Kohlenwasserstoffe wird durch den HACA-Mechanismus beschrieben (H-abstraction-C_2H_2-addition). Die Abstraktion eines Wasserstoffs aktiviert das aromatische Molekül. Dies ermöglicht die Addition von Ethin, was zum Wachstum des Moleküls führt und eine weitere Ringbildung ermöglicht.

Der Gasphasenmechanismus reicht bis zur Bildung der ersten aromatischen Strukturen und endet mit dem Pyrenmolekül. Das weitere Wachstum der polyzyklischen aromatischen Kohlenwasserstoffe wird, wie das Oberflächenwachstum der Rußteilchen, durch eine Abfolge von Wasserstoffabstraktion- und Kohlenstoffanlagerungsreaktionen modelliert. Ein immer wiederkehrender

Zyklus führt zum Anlagern zweier aromatischer Ringe an den PAK. Aus diesem Polymerisationssystem werden Moleküle durch Partikelbildung, Oxidation des kleinsten Aromaten und durch PAK-Anlagerung an die Rußoberfläche entfernt. Die Bildung und das Wachstum der PAKs kann nach MAUSS [74] als schnelle Polymerisation angesehen werden. Aus diesem Grund können die chemischen Spezies, die am Wachstumsprozess beteiligt sind, als im partiellen Gleichgewicht angesehen werden. Dies ergibt ein System aus algebraischen Gleichungen für die Größenverteilung der PAKs.

Bei der mathematischen Beschreibung der Partikelbildung, der PAK-Anlagerung und der Koagulation wird auf die selbe Gleichung zurückgegriffen, da alle drei Vorgänge auf der gleichen Dynamik beruhen. Unter Partikelbildung wird die Zusammenlagerung zweier PAK-Moleküle verstanden. Als PAK-Anlagerung wird die Kollision von PAKs mit Rußteilchen bezeichnet. Koagulation ist die Kollision von Partikeln unter Bildung von Teilchen, die aus der Summe der beiden zusammengestoßenen Massen bestehen. All diese Kollisionsvorgänge werden mit Hilfe der Smoluchowskischen Koagulationsgleichung beschrieben [75].

Das Oberflächenwachstum und die Oxidation von Rußteilchen sind heterogene Reaktionen der chemischen Spezies aus der Gasphase mit reaktiven Stellen auf der Rußoberfläche. Für sie kann ein Mechanismus formuliert werden, der mit Hilfe von Quasi-Stationaritätsannahmen für die radikalische Oberflächenspezies $C_i^{soot}\bullet$ reduziert wird. Daraus ergibt sich ein Ausdruck für die Geschwindigkeit der Reaktion pro reaktiver Stelle an der Oberfläche [11].

Als Aggregation wird die Bildung von Aggregaten, die aus kleinen Primärteilchen aufgebaut sind, bezeichnet. Es bilden sich Teilchen, die nicht kugelförmig sind. Von KAZAKOV UND FRENKLACH [76] wird ein Modell beschrieben, das die Größe der Primärteilchen sehr gut wiedergibt.

5.1.2 Erhaltungsgleichungen

Ein weiterer grundlegender Aspekt der Modellierung von Flammen ist die Formulierung von Impuls-, Wärme- und Stofftransportvorgängen unter Berücksichtigung der Strömungsbedingungen. Dabei bestehen Wechselwirkungen zwischen den Transportprozessen und der Reaktionskinetik. Zur Beschreibung der untersuchten laminaren Gegenstromdiffusionsflammen werden stationäre eindimensionale Erhaltungsgleichungen aus zweidimensionalen Gleichungen in stationärer Formulierung abgeleitet. Diese Ableitung macht Annahmen, die aber eine gute Näherung für das untersuchte Verbrennungssystem darstellen.

Die Gegenstromflamme kann als zwei einander entgegengesetzte axialsymmetrische Staupunktströmungen aufgefasst werden, die senkrecht auf die Stauebene treffen und längs dieser nach allen Seiten radial abströmen (vgl. Abbildung 4.2). Die Beschreibung erfolgt zweidimensional in Zylinderkoordinaten. Dies ist möglich, da keine Rotation der Strömung vorliegt. Die Koordinaten sind: r, parallel zur Brenneroberfläche und z, in Strömungsrichtung. Als Geschwindigkeitskomponenten werden u in r-Richtung und v in z-Richtung verwendet.

Zur Beschreibung des Strömungsfeldes und der Transportvorgänge ist die Lösung der Erhaltungsgleichungen des Systems notwendig. Diese umfassen die Kontinuitätsgleichung mit der Massenerhaltung, die Impulserhaltung, die Erhaltung der Speziesmassen und die Energieerhaltung. Die genannten Gleichungen stellen die Grundgleichungen der Strömungsmechanik zur Beschreibung Newtonscher Flüssigkeiten und Gase dar und werden als Navier-Stokes-Gleichungen bezeichnet. Sie bilden ein System von nichtlinearen partiellen Differentialgleichungen 2. Ordnung. Die Existenz einer allgemeinen Lösung der Navier-Stokes-Gleichungen ist bis heute nicht nachgewiesen, sodass Lösungen nur für Spezialfälle bekannt sind.

Die Gegenstromflamme wird, wie oben erwähnt, als Zusammensetzung von zwei axialsymmetrischen Staupunktströmungen aufgefasst, die einander entgegengerichtet sind. Die Stauebene hat die Wirkung der den einzelnen Strömungen entgegenstehende Wand. Zur Vereinfachung wird im Folgenden nur eine der beiden Strömungen als axialsymmetrische Staupunktströmung mit fester Wand betrachtet. Mit Hilfe der Grenzschichttheorie ist es möglich, die Navier-Stokes-Gleichungen für die betrachtete Strömungsanordnung so weit zu vereinfachen, dass in diesem Fall eine exakte Lösung gefunden werden kann [77]. Die Grenzschichttheorie teilt die Strömung in zwei Bereiche: eine reibungsfreie äußere Potentialströmung und eine reibungsbehaftete dünne Zone in unmittelbarer Nähe der Wand, die Grenzschicht genannt wird. Diese Grenzschicht erfüllt im Gegensatz zur Potentialströmung die Haftbedingung, nämlich dass die Geschwindigkeiten an der Wand gleich Null sind. Dazu muss die Viskosität der Strömung berücksichtigt werden. Sie sorgt für den Übergang der Geschwindigkeit von endlichen Werten in Wandnähe zum Wert Null direkt an der Wand. Dieser Übergang erfolgt bei großen Reynolds-Zahlen, was bei technischen Anwendungen meistens erfüllt ist [77, 78]. Wendet man die Gesetze der Grenzschichttheorie auf die vorliegende axialsymmetrische

Staupunktströmung an, so können mehrere Vereinfachungen abgeleitet werden: die Temperatur T und die Massenbrüche aller Spezies Y_i sind allein Funktionen von z, die Geschwindigkeitskomponente v ist nur von z abhängig und die Tangentialgeschwindigkeit u ist proportional zur Entfernung in r-Richtung vom Staupunkt [79]. Diese Vereinfachungen finden sich in einer Vielzahl von Publikationen, die sich mit der Beschreibung von Staupunktströmungen befassen, etwa [80–82].

Hier wird, beispielhaft für die Vorgehensweise, die Unabhängigkeit der Geschwindigkeitskomponente v von r und die Proportionalität der Geschwindigkeitskomponente u zur Entfernung von Staupunkt gezeigt. Für den Wärmeaustausch und den Stoffaustausch können ähnliche Verfahren angewandt werden, die ebenfalls auf der Grenzschichttheorie basieren. Eine detaillierte Beschreibung der Vorgehensweise für den Wärme- und Stoffaustausch analog zum Impulsaustausch findet sich in [78].

Für eine axialsymmetrische Staupunktströmung ohne Rotation lautet der Geschwindigkeitsansatz der reibungsfreien Strömung [77]:

$$U = a\,r\,; \qquad V = -2a\,z\;, \tag{5.1}$$

wobei a eine Konstante ist. U und V sind die u und v entsprechenden Geschwindigkeiten in der reibungsfreien Potentialströmung. Für die dazugehörige Druckverteilung folgt nach der Bernoulli-Gleichung

$$P_0 = P + \frac{\rho}{2}(U^2 + V^2) = P + \frac{\rho}{2}\,a^2(r^2 + 4z^2)\;. \tag{5.2}$$

P ist der Druck an einer beliebigen Stelle und P_0 der Druck im Staupunkt $(r = 0;\; z = 0)$. Diese reibungslose Strömung erfüllt die Navier-Stokes-Gleichungen, nicht aber die Haftbedingung an der Wand $(z = 0)$. Um auch diese zu erfüllen, muss der Einfluss der Viskosität berücksichtigt werden. Die weitere Betrachtung konzentriert sich aus diesem Grund auf die reibungsbehaftete Grenzschicht.

L. Prandtl hat 1904 die sogenannten Grenzschichtgleichungen angegeben [78]. Sie dienen in der Grenzschichttheorie als Vereinfachungen der Navier-Stokes-Gleichungen. Für eine zweidimensionale stationäre Strömung mit konstanter Dichte lauten sie:

$$\frac{\partial u}{\partial r} + \frac{\partial v}{\partial z} = 0 \tag{5.3}$$

$$u\frac{\partial u}{\partial r} + v\frac{\partial u}{\partial z} = -\frac{1}{\rho}\frac{\partial p}{\partial r} + \nu\frac{\partial^2 u}{\partial z^2} \ . \tag{5.4}$$

ν bezeichnet die kinematische Viskosität.

In der Grenzschicht ändert sich der Druck normal zur Wand nicht. Er wird der Grenzschicht von außen, das heißt von der reibungsfreien Potentialströmung aufgeprägt. Damit ist

$$\frac{\partial p}{\partial z} = 0 \ . \tag{5.5}$$

In der reibungsfreien Außenströmung gelten die Eulergleichungen. Sie sind ein mathematisches Modell zur Beschreibung der Strömung von reibungsfreien Fluiden. Aus dem Impulssatz der Eulergleichungen kann die Verknüpfung von Druck- und Geschwindigkeitsgradient der reibungsfreien Außenströmung abgeleitet werden:

$$u_\delta \frac{\partial u_\delta}{\partial r} = -\frac{1}{\rho}\frac{\partial p}{\partial r} \tag{5.6}$$

u_δ bezeichnet die Geschwindigkeit am Rand der Grenzschicht ($z = \delta$).

Eine Lösung der Differentialgleichungen kann für den vorliegenden Fall der axialsymmetrischen Staupunktströmung gefunden werden, wenn die Koordinaten in geeigneter Weise transformiert werden. Zu diesem Zweck wird die transformierte Koordinate η eingeführt:

$$\eta = \sqrt{\frac{a}{\nu}}\, z \ . \tag{5.7}$$

Die eingeführte Stromfunktion $\psi(r, z)$ erfüllt die Kontinuitätsgleichung [78].

$$u = \frac{\partial \psi}{\partial z}; \qquad v = -2\,\frac{\partial \psi}{\partial r} \ . \tag{5.8}$$

Zur weiteren Transformation von ψ wird die dimensionslose Funktion $g(\eta)$ eingeführt, mit $g(\eta) = u/U$. Sie setzt die Geschwindigkeit in der Grenzschicht ins Verhältnis zu der Geschwindigkeit der Potentialströmung. Es folgt:

$$\psi(r,z) = \int u\,dz = U \cdot \int g(\eta)\,dz = ar\sqrt{\frac{\nu}{a}} \cdot \int g(\eta)\,d\eta\,. \tag{5.9}$$

Der Ausdruck $\int g(\eta)\,d\eta \equiv f(\eta)$ wird als dimensionslose Stromfunktion bezeichnet. Damit wird

$$\psi(r,z) = r\sqrt{a\,\nu}\,f(\eta)\,. \tag{5.10}$$

Wegen $f(\eta) = \int \frac{u}{U}(\eta)\,d\eta$ ist $f'(\eta) = u/U$. Die Ableitung $f'(\eta)$ beschreibt das dimensionslose Geschwindigkeitsprofil.

Führt man die Stromfunktion ψ in die Bewegungsgleichung der Grenzschicht (5.4) ein, so geht diese in eine Form über, die von der transformierten Funktion $f(\eta)$ abhängig ist. Es gilt

$$f''' + 2\,f\,f'' + 1 - f'^2 = 0\,. \tag{5.11}$$

Die Randbedingungen der Differentialgleichung lauten

$$\eta = 0: \qquad f(\eta) = 0, f'(\eta) = 0; \qquad \eta \to \infty: \qquad f'(\eta) = 1\,. \tag{5.12}$$

Die Integration der Navier-Stokes-Gleichung in z-Richtung führt zu der Lösung

$$F(\eta) = f^2(\eta) + f'(\eta)\,. \tag{5.13}$$

Damit ergibt sich für die Geschwindigkeiten in der Grenzschicht

$$u = U\,f'(\eta) = a\,r\,f'(\eta); \qquad v = -2\,\sqrt{a\nu}\,f(\eta)\,. \tag{5.14}$$

Für die Druckverteilung ist

$$P_0 = p + \frac{\rho}{2}\,a^2\left(r^2 + \frac{4\nu}{a}F(\eta)\right)\,, \tag{5.15}$$

wobei p den Druck in der Grenzschicht bezeichnet und P_0 den Druck im Staupunkt.

Gleichung 5.14 belegt die Vereinfachung, dass die Geschwindigkeitskomponente v unabhängig von r ist und u proportional zur Entfernung vom Staupunkt in r-Richtung.

Unter der Voraussetzung der beschriebenen Vereinfachungen für die vorliegende axialsymmetrische Staupunktströmung werden im Folgenden die Erhaltungsgleichungen der Gegenstromflamme im Detail beschrieben.

Ist ρ die Dichte des Gases, so hat im stationären Fall die Kontinuitätsgleichung die Form [83]:

$$\frac{\partial}{\partial r}(\rho\, u) + \frac{\partial}{\partial z}(\rho\, v) + \frac{\rho\, u}{r} = 0\,. \tag{5.16}$$

Die Gleichung für die Impulserhaltung setzt sich zusammen aus Konvektion, Impulsänderung durch einen Druckgradienten und Impulsaustausch eines Fluidelementes mit seiner Umgebung durch reibungsbedingte Scherkräfte [84]. Hier wird sie in die beiden Koordinaten des Brennersystems r und z aufgespalten.

Impulserhaltung in r-Richtung:

$$\rho\, u\,\frac{\partial u}{\partial r} + \rho\, v\,\frac{\partial u}{\partial z} = -\frac{\partial p}{\partial r} - \left(\frac{1}{r}\,\frac{\partial}{\partial r}\,(r\,\tau_{rr}) - \frac{1}{r}\,\tau_{\varphi\varphi} + \frac{\partial \tau_{rz}}{\partial z}\right) \tag{5.17}$$

mit

$$\begin{aligned}
\tau_{rr} &= -\mu\left[2\frac{\partial u}{\partial r} - \frac{2}{3}\,(\nabla\cdot\mathbf{U})\right]\,,\\
\tau_{\varphi\varphi} &= -\mu\left[2\,\frac{u}{r} - \frac{2}{3}\,(\nabla\cdot\mathbf{U})\right]\,,\\
\tau_{rz} &= -\mu\left[\frac{\partial v}{\partial r} + \frac{\partial u}{\partial z}\right]\,,\\
(\nabla\cdot\mathbf{U}) &= \frac{1}{r}\,\frac{\partial}{\partial r}\,(r\,u) + \frac{\partial v}{\partial z}\,.
\end{aligned} \tag{5.18}$$

Impulserhaltung in z-Richtung:

$$\rho\, u\,\frac{\partial v}{\partial r} + \rho\, v\,\frac{\partial v}{\partial z} = -\frac{\partial p}{\partial z} - \left(\frac{1}{r}\,\frac{\partial}{\partial r}\,(r\,\tau_{rz}) + \frac{\partial \tau_{zz}}{\partial z}\right) \tag{5.19}$$

mit

$$\tau_{zz} = -\mu\left[2\,\frac{\partial v}{\partial z} - \frac{2}{3}\,(\nabla\cdot\mathbf{U})\right]\,. \tag{5.20}$$

μ bezeichnet die dynamische Viskosität.

KEE ET AL. [85] führt eine Stromfunktion Φ ein, die die Kontinuitätsgleichung erfüllt, mit

$$\Phi(r,z) = r^2 \cdot F(z)\;. \tag{5.21}$$

Die Stromfunktion wird so gewählt, dass sie die Eigenschaften

$$\frac{\partial \Phi}{\partial r} = r\,\rho\,v = 2\,r \cdot F(z) \tag{5.22}$$

und

$$-\frac{\partial \Phi}{\partial z} = r\,\rho\,u = -r^2\,\frac{\partial F(z)}{\partial z} \tag{5.23}$$

besitzt. Damit ergibt sich für die Geschwindigkeitskomponenten u und v:

$$u = -\frac{r}{\rho}\,\frac{\partial F(z)}{\partial z} \tag{5.24}$$

und

$$v = \frac{2}{\rho} \cdot F(z)\;. \tag{5.25}$$

Wendet man die eingeführten Annahmen und die Substitutionen auf die Gleichungen der Impulserhaltung 5.17 und 5.19 an, so folgt:

$$\frac{1}{r}\,\frac{\partial p}{\partial r} = -\frac{1}{\rho}\left(\frac{\partial F}{\partial z}\right)^2 - 2\,F\,\frac{\partial}{\partial z}\left(-\frac{1}{\rho}\,\frac{\partial F}{\partial z}\right) + r\,\frac{\partial}{\partial z}\left[\mu\,\frac{\partial}{\partial z}\left(-\frac{1}{\rho}\,\frac{\partial F}{\partial z}\right)\right] \tag{5.26}$$

und

$$\begin{aligned} \frac{\partial p}{\partial z} = & -2\,F\,2\,\frac{\partial}{\partial z}\,(\rho \cdot F) + 2\,\mu\,\frac{\partial}{\partial z}\left(-\frac{1}{\rho}\,\frac{\partial F}{\partial z}\right) \\ & + \frac{4}{3}\,\frac{\partial}{\partial z}\left[2\mu\,\frac{\partial}{\partial z}\,(\rho \cdot F) - \frac{\mu}{\rho}\,\frac{\partial F}{\partial z}\right]\;. \end{aligned} \tag{5.27}$$

Die Druckgradienten $(\partial p/\partial r)/r$ und $\partial p/\partial z$ sind im stationären Fall nur Funktionen von z. Darüber hinaus muss $(\partial p/\partial r)/r$ eine Konstante sein, da die gemischten zweiten Ableitungen des Druckes auf Grund dessen Eigenschaft als Zustandsfunktion Null sind [86]. Der Druckgradient wird vereinfacht durch

$$H = \frac{1}{r}\,\frac{\partial p}{\partial r} = const\;. \tag{5.28}$$

Die Gleichung 5.26 ist dritter Ordnung in $F(z)$. Um eine Integration über eine Gleichung zweiter Ordnung durchführen zu können, wird

$$G(z) = -\frac{1}{\rho}\frac{\partial F}{\partial z} \tag{5.29}$$

eingeführt. Durch Anwendung der Substitution ergeben sich die Kontinuitätsgleichung 5.16 und die Impulserhaltung 5.26 und 5.27 zu [79]

$$2\,\rho\,G(z) + \frac{\partial}{\partial z}\,(2\,F(z)) = 0\;, \tag{5.30}$$

$$\frac{H}{\rho} = -G^2(z) - \frac{2}{\rho}\,F(z)\,\frac{\partial G(z)}{\partial z} + \frac{1}{\rho}\frac{\partial}{\partial z}\left(\mu\,\frac{\partial G(z)}{\partial z}\right) \tag{5.31}$$

und

$$\begin{aligned}\frac{1}{\rho}\frac{\partial p}{\partial z} =& -\frac{2}{\rho}\,F(z)\,2\,\frac{\partial}{\partial z}\,(\rho\,F(z)) + \frac{2\mu}{\rho}\,\frac{\partial G(z)}{\partial z}\\ &+ \frac{4}{3\,\rho}\frac{\partial}{\partial z}\left(\mu\,2\,\frac{\partial}{\partial z}\,(\rho\,F(z))\right) + \frac{4}{3\,\rho}\,\frac{\partial\,(\mu\,G(z))}{\partial z}\;.\end{aligned} \tag{5.32}$$

Nach KEE ET AL. [85] und STAHL U. WARNATZ [79] stellt der Druckgradient H einen Eigenwert des Gleichungssystems dar, d.h. für vorgegebene Randbedingungen muss H einen bestimmten Wert annehmen, derart, dass eine Lösung des Problems existiert.

Als weitere Erhaltungsgleichung ist die Erhaltung der Speziesmassen zu nennen. Sie lautet für den stationären Fall [86]:

$$\rho\,u\,\frac{\partial Y_i}{\partial r} + \rho\,v\,\frac{\partial Y_i}{\partial z} = -\frac{\partial}{\partial r}\,j_{i,r} - \frac{\partial}{\partial z}\,j_{i,z} + w_i\,M_i \quad (i = 1, \ldots, n_s)\;. \tag{5.33}$$

Der Diffusionsfluss j_i setzt sich aus einem vom Konzentrationsgradienten und einem vom Temperaturgradienten abhängigen Anteil der Diffusion zusammen. w_i beschreibt die chemischen Bildungs- und Verbrauchsterme der Spezies i. M_i steht für die molare Masse der chemischen Spezies i. Transformiert man die Erhaltungsgleichung in Zylinderkoordinaten und wendet auch hier die bei der Ableitung der Navier-Stokes-Gleichungen getroffenen Annahmen an, dass die Temperatur T und die Massenbrüche aller Spezies Y_i allein Funktionen von z sind, so vereinfacht sich Gleichung 5.33 wie folgt und ist wie die Impulserhaltung eindimensional [79].

$$\rho\, v\, \frac{\partial Y_i}{\partial z} = -\frac{\partial}{\partial z}\, j_{i,z} + w_i M_i \quad (i = 1, \dots, n_s) \tag{5.34}$$

Als letzte Erhaltungsgleichung wird die Gleichung der Energieerhaltung betrachtet. Sie setzt sich zusammen aus einem konvektiven Anteil $\rho\, u_{r_j}\, h$, einem Druckanteil, der die Energieänderung durch Druck- und Reibungskräfte beschreibt, einem Anteil der zu und abgeführten Wärme q_{r_j} und der Strahlung q_r. Im stationären Fall lautet sie [86]:

$$\rho\, u\, \frac{\partial h}{\partial r} + \rho\, v\, \frac{\partial h}{\partial z} = u\, \frac{\partial p}{\partial r} + v\, \frac{\partial p}{\partial z} - \frac{\partial}{\partial r}\, q_r - \frac{\partial}{\partial z}\, q_z + q_{rad}\ . \tag{5.35}$$

q_{rad} ist ein Quellterm in der Energieerhaltungsgleichung, der den Energieverlust aufgrund von Strahlung berücksichtigt. h bezeichnet die Enthalpie, p den Druck und q_r bzw. q_z den Wärmefluss in r- bzw. z-Richtung. Der Wärmefluss q kann als Summe eines vom Temperaturgradienten abhängigen Anteils und eines diffusiven Anteils beschrieben werden. Damit kann für q eingeführt werden:

$$q = -\lambda\, \nabla T + \sum_{i=1}^{n_s} h_i\, j_i\ . \tag{5.36}$$

Die Enthalpie h kann mit $h = \sum Y_i\, h_i$ und $c_p = dh/dT$ in eine von der Temperatur abhängige Form gebracht werden. c_p bezeichnet die molare Wärmekapazität und h_i die molare Enthalpie einer chemischen Spezies. Der Druckgradient liefert für die hier betrachteten Bedingungen keinen nennenswerten Beitrag zum Transport der Enthalpie und wird vernachlässigt. Mit Transformation in Zylinderkoordinaten und mit den bereits erwähnten, aus der Grenzschichttheorie abgeleiteten Annahmen zur Vereinfachung der Navier-Stokes-Gleichungen reduziert sich die Erhaltungsgleichung der Energie zu einer eindimensionalen, temperaturabhängigen Gleichung [79]:

$$\rho\, c_p\, v\, \frac{\partial T}{\partial z} = \frac{\partial}{\partial z}\left(\lambda \frac{\partial T}{\partial z}\right) - \sum_{i=1}^{n_s} c_{pi}\, j_{i,z}\, \frac{\partial T}{\partial z} - \sum_{i=1}^{n_s} h_i w_i - q_r\ . \tag{5.37}$$

Die hier abgeleiteten Erhaltungsgleichungen für laminare Gegenstromdiffusionsflammen bilden ein eindimensionales Gleichungssystem, das nur von

z, der Höhe über der unteren Brennerplatte, bzw. dem Abstand der beiden Brenner abhängig ist. Die Beschreibung der Strömungseigenschaften kann sich allein auf die Vorgänge entlang der Staupunkts-Stromlinie beschränken, die tangentialen Gradienten der Temperatur, der Massenbrüche und der Geschwindigkeitskomponenten können eliminiert werden. Dies führt zu einer erheblichen Vereinfachung der mathematischen Behandlung der Strömungs- und Verbrennungsvorgänge. Diese wesentliche mathematische Vereinfachung der zur Simulation notwendigen Modellierungen begründet die Entscheidung, für die Untersuchungen im Rahmen dieser Arbeit einen Gegenstrombrenner zu verwenden, wie er in Kapitel 4.2 beschrieben ist. Die gezeigte Eindimensionalität der Strömungsanordnung vereinfacht nicht nur die mathematische Simulation in hohem Maße, auch die Messung der Flammeneigenschaften kann mit deutlich reduziertem Aufwand erfolgen. Dennoch ist die Möglichkeit, die zu untersuchenden NO-Ruß-Wechselwirkungen zu studieren, uneingeschränkt gegeben. Darüber hinaus sind mögliche Fehlerquellen bei mehrdimensionalen Mess- und Simulationstechniken ausgeschlossen.

5.1.3 NO-Reaktionen

Zusätzlich zu der beschriebenen Simulation der Rußbildung in Gegenstromflammen besteht für die vorliegende Arbeit der Bedarf, Stickoxidreaktionen zu simulieren. Es ist ein Modell notwendig, das in der Lage ist, die in der Flamme ablaufenden Stickoxidreaktionen abzubilden. Dazu wird, wie in Kapitel 2.3 dargestellt, in homogene und heterogene Reaktionen unterschieden. Diese in Kapitel 2.3 beschriebenen NO-Reaktionen müssen dem bestehenden Mechanismus zur Beschreibung der Verbrennungsreaktionen hinzugefügt werden. Mit diesem erweiterten Reaktionsmechanismus kann dann sowohl die Bildung, als auch der Abbau von NO in den untersuchten Gegenstromflammen simuliert werden.

Die homogenen Gasphasenreaktionen des N/C/O-Systems sind dem GRI-2.11 [73] Mechanismus entnommen. Dieser fügt sich gut in die Simulation der Verbrennungsprozesse ein, die auf dem GRI-1.2 Mechanismus basiert. Der Gasphasenmechanismus für die Stickoxidreaktionen ist erprobt und liefert zuverlässige Ergebnisse, auch bei anderen Verbrennungssystemen [15, 87]. Der detaillierte Mechanismus ist im Anhang aufgeführt. Das N/C/O-System ist mit den Reaktionen Nr. 179 bis 282 in den homogenen Gasphasenmechanismus des GRI-1.2 integriert.

Schwieriger stellt sich die Beschreibung der heterogenen Reaktionen von NO und Ruß dar. Hier liegt speziell für Ruß nur eine kleine Anzahl an Arbeiten vor. Besser untersucht ist die Oberflächenoxidation durch NO bei Kohlepartikeln. Die ermittelten Geschwindigkeitskoeffizienten weisen teilweise deutliche Abweichungen auf und sind darüber hinaus von den Eigenschaften der untersuchten Kohlenstoffverbindungen abhängig [20–23, 88, 89].

Die heterogenen Reaktionen zwischen NO und Kohlenstoffpartikeln können auf zwei unterschiedliche Arten modelliert werden. Einmal ist dies die Reduktion von NO durch den Kohlenstoff, wobei die Reaktionskonstanten auf die Kohlenstoffmasse bezogen werden. Zum anderen können die heterogenen Reaktionen als Oberflächenreaktionen betrachtet werden. Dann werden die Reaktionskonstanten auf die Oberfläche des Kohlenstoffs bezogen [88]. Zur Beschreibung der Wechselwirkungen von NO und Ruß, als spezielle Form von Kohlenstoffpartikeln, wird die Reaktion von ROTH ET AL. [23] als Oberflächenreaktion betrachtet. In einem Stoßrohrexperiment untersucht er die Oxidation von Ruß durch NO. Zusätzlich zu den bereits besser untersuchten Mechanismen der Rußoxidation durch Sauerstoffatome und molekularen Sauerstoff führt er einen Oberflächenmechanismus für NO ein und entwickelt anhand der Konzentration des Reaktionsproduktes CO eine Reaktionsrate. Auf diesen Reaktionsmechanismus greift die vorliegende Arbeit zurück und fügt ihn in SOFOKLES den Reaktionen des Oberflächenwachstums aus dem Rußmechanismus hinzu.

Die heterogene Oberflächenreaktionen von Rußpartikeln bei der Oxidation mit NO wird von ROTH ET AL. [23] beschrieben als:

$$\mathrm{C}_s + \mathrm{NO} \rightarrow \mathrm{CO} + 1/2\ \mathrm{N}_2 \tag{R23}$$

Anhand der Verläufe der Konzentrationen der Abbauprodukte ist es möglich, eine Reaktionswahrscheinlichkeit für das NO-Molekül an der Rußoberfläche zu ermitteln. Die Reaktionswahrscheinlichkeit α_{NO} für die beschriebene Oberflächenoxidation ist sehr klein und folgt dem Arrhenius-Ansatz.

$$\alpha_{\mathrm{NO}} = 1,82 \cdot \exp(-15000\ \mathrm{K}\ /\ T) \tag{5.38}$$

Zur Bestimmung der Reaktionsgeschwindigkeit muss zusätzlich die Anzahl der Stöße pro Zeit und Fläche und die reaktive Oberfläche pro Volumen berücksichtigt werden.

Die von APPEL ET AL. [90] beschriebenen Oxidationsreaktionen an der Rußoberfläche, hervorgerufen durch molekularen Sauerstoff und OH-Radikale, werden um eine weitere Oxidationsreaktion, basierend auf Stickstoffmonoxid, ergänzt. Damit ergibt sich ein System aus sieben Reaktionsgleichungen für die Formulierung des chemischen Mechanismus der Oberflächenreaktionen.

$$\mathrm{C}_i^{soot}\mathrm{H} + \mathrm{H} \rightleftharpoons \mathrm{C}_i^{soot}\bullet + \mathrm{H}_2 \tag{R23}$$

$$\mathrm{C}_i^{soot}\mathrm{H} + \mathrm{OH} \rightleftharpoons \mathrm{C}_i^{soot}\bullet + \mathrm{H}_2\mathrm{O} \tag{R24}$$

$$\mathrm{C}_i^{soot}\bullet + \mathrm{H} \rightarrow \mathrm{C}_i^{soot}\mathrm{H} \tag{R25}$$

$$\mathrm{C}_i^{soot}\bullet + \mathrm{C}_2\mathrm{H}_2 \rightarrow \mathrm{C}_{i+2}^{soot}\mathrm{H} + \mathrm{H} \tag{R26}$$

$$\mathrm{C}_i^{soot}\bullet + 1/2\ \mathrm{O}_2 \rightarrow \mathrm{C}_{i-1}^{soot}\bullet + \mathrm{CO} \tag{R27}$$

$$\mathrm{C}_i^{soot}\mathrm{H} + \mathrm{OH} \rightarrow \mathrm{C}_{i-2}^{soot}\bullet + \mathrm{HCO} + \mathrm{CH} \tag{R28}$$

$$\mathrm{C}_i^{soot}\bullet + \mathrm{NO} \rightarrow \mathrm{C}_{i-1}^{soot}\bullet + \mathrm{CO} + 1/2\ \mathrm{N}_2 \tag{R29}$$

Der Index i bezeichnet die Zahl der Kohlenstoffatome im betrachteten Rußpartikel.

Der neue Mechanismus wird mit Hilfe von Quasi-Stationaritätsannahmen für die radikalischen Oberflächenspezies $C_i^{soot}\bullet$ reduziert. Man erhält somit einen Ausdruck für die Geschwindigkeit des Oberflächenwachstums pro reaktiver Stelle an der Oberfläche, der die Reaktionsgeschwindigkeiten der Einzelreaktionen zusammenfasst.

Mit der beschriebenen Ergänzung von SOFOKLES um die homogenen Stickoxidreaktionen nach dem GRI-2.11 Mechanismus und die Erweiterung des heterogenen Mechanismus der Oberflächenreaktionen um die von ROTH ET AL. [23] beschriebene Reaktion von NO mit der Rußoberfläche bietet das Modell die Möglichkeit, die stickstoffmonoxidhaltigen Flammen aus den experimentellen Untersuchungen dieser Arbeit zu simulieren.

5.2 Resultate der Modellierung

Mit Hilfe des beschriebenen Programms SOFOKLES werden die gemessenen Flammen simuliert. Das Programm ist so geschrieben, dass einerseits reguläre Freistrahlflammen gerechnet werden können. Es existiert aber auch die Möglichkeit Gegenstromflammen zu rechnen. Dazu sind spezielle Schlüsselbefehle vorgesehen. Die Randbedingungen, die vorzugeben sind, sind zum einen die Konzentrationen der Spezies in den beiden Stoffströmen, zum anderen müssen auch die Massenströme am Brenneraustritt vorgegeben werden. Weiterhin ist es nötig, die Simulation mit einem angenommenen Temperaturprofil zu starten. Dies ist für die erste Berechnung nötig. Im weiteren Verlauf wird die Temperatur über Energiegleichungen berechnet.

Dass SOFOKLES in der Lage ist, laminare vorgemischte Gegenstromflammen zu simulieren, ist bereits in mehreren Arbeiten nachgewiesen [11, 91]. Sowohl bei den Konzentrationen der Gasphasenspezies, als auch bei der Rußkonzentration und der Flammentemperatur wird eine sehr gute Übereinstimmung mit vorhandenen Messergebnissen nachgewiesen. Der in der Arbeit von APPEL [11] implementierte Reaktionsmechanismus von NO ist jedoch nicht verifiziert. Er wird in dieser Arbeit anhand von Messungen validiert.

Da im Rahmen dieser Arbeit Rußvolumenbrüche, Temperaturen und NO-Konzentrationen gemessen werden, sollen auch diese Verläufe Gegenstand der Untersuchungen zur Modellierung der Flammen sein. So werden im Kapitel 6 die Ergebnisse der experimentellen Untersuchungen gezeigt und den Ergebnissen der Simulationsrechnungen gegenübergestellt und diskutiert. Bei einer guten Übereinstimmung der Ergebnisse sind Aussagen über die ablaufenden Reaktionsmechanismen in der Flamme möglich. Die zu untersuchenden Ruß-NO-Wechselwirkungen können auf diese Art näher beschrieben werden.

6 Ergebnisse

Im nun folgenden Kapitel werden die Ergebnisse der im Rahmen dieser Arbeit durchgeführten Messungen beschrieben. Darüber hinaus werden Modellrechnungen zu den untersuchten Flammen durchgeführt. Der Vergleich von Messung und Simulation dient der Validierung mathematischer Modelle zur Beschreibung der Wechselwirkungen von Stickstoffmonoxid mit Ruß in der Flamme.

In der in Kapitel 4 beschriebenen Brennkammer werden laminare, vorgemischte Flammen stabilisiert und untersucht. Die Flammen sind Gegenstromflammen, das heißt der Flamme an der unteren Matrix brennt eine nicht rußende Flamme von der oberen Matrix entgegen. Alternativ dazu findet ein sauerstoffhaltiger Argonstrom am oberen Brenner Verwendung. Der Brennstoff ist Ethin, das Oxidationsmittel Sauerstoff und zur Stabilisierung der Flamme wird Argon als Inertgas eingesetzt. Variiert werden die Zusammensetzungen der Flammen, was sich auf deren Rußanteil auswirkt. Weiterhin wird NO zudosiert, um Wechselwirkungen zu untersuchen. Die genauen Gaszusammensetzungen der in der Gegenstrombrennkammer untersuchten Flammen sind in den Tabellen 4.1 und 4.2 zusammengestellt.

Als nicht rußende Flammen werden in dieser Arbeit Flammen bezeichnet, deren C/O-Verhältnis 0,4 beträgt, also stöchiometrisch ist. Bei stöchiometrischem Verhältnis von Brennstoff Ethin zu Oxidationsmittel Sauerstoff ist der vollständige Umsatz zu Kohlenstoffdioxid und Wasser möglich. Nicht rußende Flammen mit einem C/O-Verhältnis von 0,4 werden in dieser Arbeit sowohl am unteren, als auch am oberen Brenner eingesetzt. Am oberen Brenner kommt neben der stöchiometrischen Flamme mit C/O = 0,4 auch eine etwas fettere Flamme mit C/O = 0,5 zum Einsatz. Die genauen Bezeichnungen und Zusammensetzungen der untersuchten Flammen sind in Kapitel 4.2 zu finden. Der Brennkammerdruck ist bei allen Flammen gleich und beträgt 120 hPa. Auch der Abstand der Brenner zueinander bleibt gleich und beträgt 30 mm. Als Höhe über dem Brenner wird der Abstand des Messortes über der unteren Brennermatrix bezeichnet.

Die geometrischen Abmessungen der Flammen ändern sich bei der gewählten Variation der Parameter nur wenig. Die untere rußende Flamme brennt knapp über der Brenneroberfläche und hat einen Durchmesser von etwa 80 mm. Dies entspricht dem Durchmesser des Bereiches mit den Austrittslöchern für die Gase in der Brennermatrix. Knapp über der Brenneroberfläche liegt die Reaktionszone der Flamme. Bei der visuellen Betrachtung ist sie am blauen Leuchten zu erkennen, das hervorgerufen wird durch Radikale, die bei der chemischen Umsetzung des Brennstoffs entstehen. Das CH-Radikal leuchtet blauviolett in der heißen Flamme, das C_2-Radikal grün. Daraus ergibt sich das je nach Zusammensetzung der Flamme etwas unterschiedliche Blau der Reaktionszone. Die Färbung der Flamme über der Reaktionszone ist ebenfalls von den vorherrschenden Stoffkonzentrationen abhängig. Magere bzw. stöchiometrische Flammen brennen weiter mit blauer Farbe. Hier bleiben die beschriebenen Radikale bestimmend für die Farbe des Leuchtens. Brennt die Flamme unter fetten Bedingungen, so leuchtet sie über der Reaktionszone gelb bis weiß. Dies ist die thermische Strahlung der hier vorhandenen heißen Rußteilchen. Mit zunehmender Höhe weitet sich die Flamme auf. Dies ist auf die zunehmende radiale Komponente der Strömung zurückzuführen, die durch die Gegenströmung entsteht. An der Staufläche ist die axiale Geschwindigkeit der Strömung Null. Die Gase strömen radial zur Seite weg (vgl. Abbildung 4.2).

Bei der Gegenströmung muss nach der Zusammensetzung unterschieden werden. Liegt eine nicht rußende Flamme am oberen Brenner vor, so findet sich auch hier eine blau leuchtende Reaktionszone dicht unter der oberen Brennermatrix. Die Flamme selbst leuchtet nicht, da sie unter mageren Bedingungen brennt. Auch sie hat anfangs den Durchmesser der Austrittsfläche der Gase und weitet sich mit zunehmendem Abstand auf. Die oxidierende Gegenströmung aus Sauerstoff und Argon ist nicht sichtbar. Ihr Vorhandensein ist lediglich an der Ausbildung einer Stauebene und Aufweitung der unteren Flamme zu erkennen.

Die Gegenstromflamme kann näherungsweise als zwei getrennte, laminare, flache Flammen betrachtet werden, die gegeneinander brennen. Zwischen ihnen liegt eine Stauebene. In diesem Bereich bildet sich eine Zone aus, in der der diffusive Transport den konvektiven Transport überwiegt, das heißt der Stofftransport zwischen den beiden Flammen findet über die Stauebene hinweg mittels Diffusion statt. Die untersuchten Gegenstromflammen sind somit eine Kombination aus vorgemischter laminarer Flamme und Diffusionsflamme, die auch als laminare Gegenstromdiffusionsflammen bezeichnet werden können. Die laminaren vorgemischten Bereiche bieten die Möglichkeit, etwa die Bildung von Ruß näher zu untersuchen und wie in diesem Fall, die Auswirkung von vorhandenem Stickstoffmonoxid auf selbige, indem NO mit in die rußende Vormischflamme eingebracht wird. Der Bereich der Diffusionszone ermöglicht es, beispielsweise Oxidationsreaktionen an den Rußpartikeln zu untersuchen, ohne die Bildung derselben zu beeinflussen. Dazu wird eine oxidierende Spezies über die Gegenströmung zur Verfügung gestellt und es kommt in der diffusiv beherrschten Zone zur Wechselwirkung.

Die Struktur der Flamme lässt sich gut anhand der axialen Strömungsgeschwindigkeit der Gase über der Höhe über dem Brenner verdeutlichen. Einen typischen Verlauf zeigt Abbildung 6.1. Sie stellt die Geschwindigkeit der Gasströmung als Funktion des axialen Abstands von der unteren Brenneroberfläche dar, der auch im Weiteren als Höhe über dem Brenner bezeichnet wird. Dieser Verlauf ist charakteristisch für Gegenstromflammen. Seine korrekte Modellierung ist Basis jeder Simulationsrechnung. An der Brenneroberfläche ergibt sich die Strömungsgeschwindigkeit aus dem Volumenstrom der Gase und der Austrittsfläche am Brenner. Über dem Brenner tritt zunächst eine Zunahme der Strömungsgeschwindigkeit auf, die aus der Zunahme der Temperatur in der Reaktionszone resultiert. Zur Staueebene hin nimmt die axiale Geschwindigkeit der Strömung ab einer Höhe, an der die Maximalgeschwindigkeit erreicht ist, stetig ab und ist an der Staueebene selbst Null. Hier strömt das Gas radial nach außen hin weg. Danach nimmt die Strömungsgeschwindigkeit wieder zu und durchläuft auch hier ein temperaturbedingtes Maximum. Die Strömungsgeschwindigkeit im oberen Bereich der Flamme ist negativ, da die Strömung der unteren entgegengerichtet ist.

Das Geschwindigkeitsprofil ist abhängig von den Strömungsgeschwindigkeiten der Gase aus dem Brenner, aber auch von den Flammenbedingungen. Eine veränderte Maximaltemperatur bedingt auch andere Maxima der Strömungsgeschwindigkeit. Die Lage der Staueebene, an der die axiale Geschwindigkeit Null ist, ist demnach ebenfalls abhängig von den Bedingungen in der Flamme. Bei den untersuchten Flammen mit oxidierender Gegenströmung liegt die Grenzfläche tiefer, als bei den Flammen mit nicht reagierender Gegenströmung. Oxidationsreaktionen erhöhen die Temperatur der Gase durch die freiwerdende Energie, die Dichte nimmt ab. Somit erreicht eine oxidierende Strömung am oberen Brenner eine höhere Geschwindigkeit, als eine nicht reagierende. Diese ist der Strömung der unteren Flamme entgegengesetzt und verschiebt damit die Lage des Nullpunktes der Geschwindigkeit in deren Richtung.

Eine für alle Betrachtungen hier grundlegende Eigenschaft der Flamme ist die Eindimensionalität. Die Eigenschaften der Flamme, wie Temperatur, Rußkonzentration und Zusammensetzung der Gasphase ändern sich nur in axialer Richtung, radiale Gradienten können vernachlässigt werden. Dies liegt in der Art

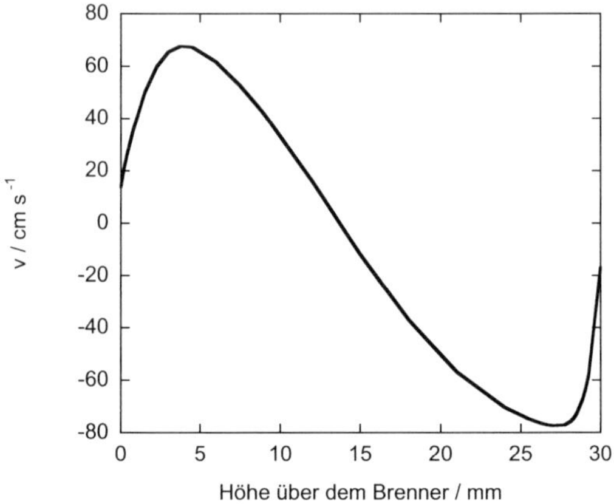

Abbildung 6.1: *Typischer Verlauf der Strömungsgeschwindigkeit einer Gegenstromflamme in axialer Richtung*

der Flamme begründet und ist auch an Hand der Messergebnisse nachgewiesen. In Kapitel 5 ist dargelegt, dass die Erhaltungsgleichungen zur Beschreibung der laminaren Gegenstromdiffusionsflammen alle nur von der Höhe h über dem Brenner abhängen und somit eindimensional sind. Weiterhin sei auf Kapitel 6.2 verwiesen, in dem zweidimensionale Messungen gezeigt werden, die die fehlenden radialen Gradienten belegen. Somit können alle gemessenen Parameter als Funktion der Höhe über dem Brenner dargestellt werden. Dies reduziert den messtechnischen Aufwand. Auch für die Modellierung der Flamme ist die Eindimensionalität der Flamme eine wichtige Eigenschaft.

6.1 Ergebnisse der Extinktionsmessungen

Aus den Extinktionsmessungen lässt sich, wie in Kapitel 3.1 beschrieben, der Rußvolumenbruch in Abhängigkeit von der Höhe über dem Brenner bestimmen. Dies gelingt erst ab einer Höhe von etwa 5 mm über dem Brenner, da erst ab hier die Rußbildung so weit fortgeschritten ist, dass messbare Partikel in der Flamme zu finden sind.

Über der Brenneroberfläche liegt die Reaktionszone der Flamme, in der Gasphasenreaktionen ablaufen. An diese schließt sich die Rußbildungszone an, in der erste Rußpartikel gebildet werden. Diese sind sehr klein, liegen aber in großer Partikelanzahldichte vor. Durch sie kommt es zu Wärmeverlusten in der Flamme, was einem weiteren Temperaturanstieg in der Flamme entgegenwirkt. An diese Zone schließt sich der Bereich des Rußwachstums an. Hier kommt es zu Partikelwachstum durch heterogene Oberflächenreaktionen und durch Koagulation. Dabei nimmt der Rußvolumenbruch weiter zu, die Partikelanzahldichte hingegen fällt. In der Nähe der Staufläche, hervorgerufen durch die Gegenströmung, fällt der Rußvolumenbruch schnell ab. Hier tritt zusätzlich ein Abbau der Rußpartikel ein, bedingt durch Oxidationsreaktionen mit OH und O_2 aus der Gegenströmung, was den Rußvolumenbruch verringert.

6.1.1 Rußvolumenbruch bei oxidierender Gegenströmung

Bei den Flammen mit Argon-Sauerstoff-Mischung im Gegenstrom bildet sich im Bereich der Gegenströmung eine weitere reaktive Zone aus. Hier ist aus der Gegenströmung genügend Sauerstoff vorhanden, um das Abgas der rußenden Flamme des unteren Brenners zu oxidieren. Über diffusiven Transport kommt es zum Stoffaustausch über die Grenzschicht hinweg. Die vorhandenen Rußpartikel werden in Oxidationsreaktionen abgebaut, was sich in der Abnahme des Rußvolumenbruchs zeigt, die nicht allein auf die vorhandenen Stauschicht zurückzuführen ist. Wie etwa von MARQUARDT [92] beschrieben, geht dies mit einer Vergrößerung der Teilchenzahldichte und einer Abnahme des Partikeldurchmessers einher.

Abbildung 6.2 zeigt in einer Gegenüberstellung die Rußvolumenbrüche der Flammen mit Argon-Sauerstoff-Gemisch im Gegenstrom. Die Bezeichnung der Flammen richtet sich nach den Tabellen 4.1 und 4.2. Die erste Ziffer bezeichnet die Flamme am unteren Brenner, der folgende Buchstabe die Flamme am oberen Brenner. 120 gibt den Druck in der Brennkammer an. Die eventuelle Zumischung von NO ist extra aufgeführt. Die Gegenstromflamme 1B120 etwa setzt sich aus der Flamme 1 am unteren Brenner und der Flamme B am oberen Brenner zusammen. Der Druck beträgt 120 hPa. Dargestellt werden in Abbildung 6.2 Flammen mit einem C/O-Verhältnis am unteren Brenner von 1,2 (Flamme 1) und 1,3 (Flamme 3). Darüber hinaus liegen auch Messungen mit einem C/O-Verhältnis von 1,25 (Flamme 2) vor. Der durchgeführte Vergleich der Flammen 1B120, 2B120 und 3B120, alle ohne NO, zeigt, dass bei gleicher Zusammensetzung der Gegenströmung eine Erhöhung des C/O-Verhältnisses um 0,05 jeweils

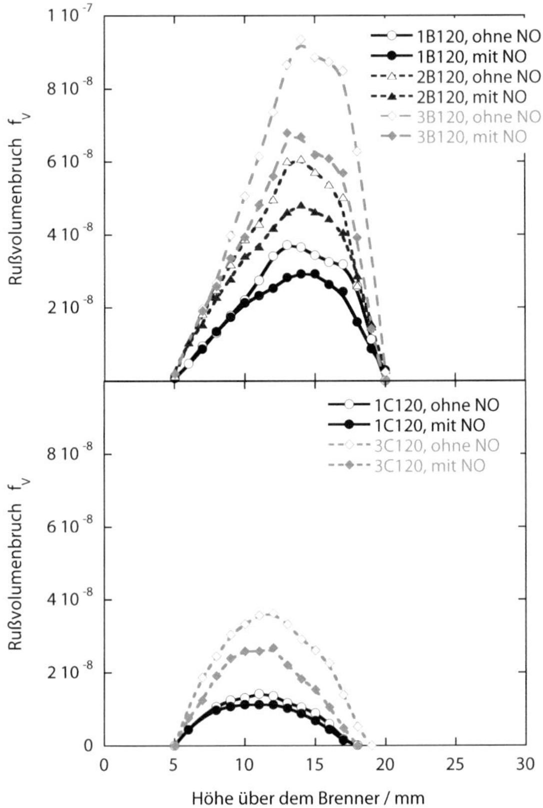

Abbildung 6.2: *Rußvolumenbrüche bei verschiedenen C/O-Verhältnissen und mit und ohne NO am oberen Brenner*

einen Anstieg der maximalen Rußkonzentration um etwa 50 % bewirkt. Der maximale Rußvolumenbruch der Flamme 1B120 ohne NO liegt bei etwa $4 \cdot 10^{-8}$. Für die Flamme 2B120 ohne NO wurde ein maximales f_V von $6 \cdot 10^{-8}$ gemessen. Bei der Flamme 3B120 ohne NO findet sich im Maximum ein Wert von $9 \cdot 10^{-8}$. Da die Rußvolumenbrüche der Flamme mit dem C/O-Verhältnis von 1,25 immer analog zu denen mit dem geringeren bzw. höheren C/O-Verhältnis verlaufen und zwischen den beiden Flammen 1 und 3 liegen, wird zugunsten der Übersichtlichkeit auf eine Darstellung dieser Flamme auch im Weiteren verzichtet.

Die Lage der maximalen Rußkonzentration und die relative Lage der Profile zueinander werden vom Brennstoff-Sauerstoff-Verhältnis der rußenden Flamme kaum beeinflusst. Die Gradienten der Profile hingegen nehmen mit dem C/O-Verhältnis der rußenden Flamme sowohl auf der Rußbildungs-, als auch auf der Oxidationsseite zu. Auch die Variation der Sauerstoffkonzentration der Gegenströmung hat einen Einfluss auf die Rußbildung und den Rußabbau. So ist die Sauerstoffkonzentration der Gegenströmung der Flamme C ohne NO im unteren Diagramm doppelt so hoch, wie die der Gegenströmung der Flamme B ohne NO im oberen Diagramm. Der Sauerstoff in der Gegenströmung reduziert die Rußkonzentration in starkem Maße. f_V nimmt um bis zu 50 % ab, wenn sich die Sauerstoffkonzentration von etwa 10 % auf 20 % verdoppelt. Weiterhin verschiebt sich das Maximum der Rußkonzentration bei einem höheren Sauerstoffanteil zu kleineren Höhen. Beides zeigt, wie stark der Sauerstoff des oberen Brenners oxidierend auf die rußende Flamme wirkt. Mit steigendem Sauerstoffgehalt der oxidierenden Gegenströmung wird die Diffusion oxidierender Spezies aus der Gegenströmung in die Rußbildungszone hinein verstärkt und somit die Oxidationsgeschwindigkeit der Rußteilchen in diesem Bereich erhöht. Gleichzeitig beobachtet man bis etwa 10 mm über dem Brenner eine flachere Steigung der Profile des Rußvolumenbruchs, wenn der Sauerstoffgehalt im Frischgas der oxidierenden Gegenströmung höher ist. Als Grund dafür kommt zum einen eine unterschiedliche Flammentemperatur, zum anderen eine Abnahme der Konzentration der Wachstumsspezies in Frage.

Der Vergleich der Rußvolumenbrüche der Flammen ohne und mit NO zeigt, dass NO, wie auch der Sauerstoff, die Rußmenge in der Flamme reduziert. Dies kann auf die zusätzliche Menge an Sauerstoff zurückgeführt werden. Ob der Abbau von Ruß auf diesen zusätzlich Anteil an Sauerstoff zurückzuführen ist oder ob es NO-Ruß-Reaktionen sind, die die Rußmenge reduzieren, ist zu klären. Das zugemischte NO reduziert die Rußmenge um etwa 20 – 30 % und zwar umso stärker, je mehr Ruß in der unteren Flamme vorhanden ist. Dieser Effekt zeigt sich bei Sauerstoff in der Gegenströmung nicht. Hier wird die Rußmenge unabhängig von der Ausgangskonzentration um 50 % reduziert, wenn die Sauerstoffmenge verdoppelt wird. Somit ist die Abnahme des Rußvolumenbruchs bei den Flammen mit zugemischtem Stickstoffmonoxid nicht allein von der Menge des zusätzlich vorhandenen Sauerstoffs durch das NO abhängig, sondern auch die Menge des zur Reaktion zur Verfügung stehenden Rußes spielt eine Rolle. Dies deutet darauf hin, dass Ruß-NO-Wechselwirkungen vorliegen.

Der Vergleich der Rußkonzentrationen bei einer Höhe von 5 – 6 mm über dem Brenner zeigt keine großen Unterschiede. Dies lässt darauf schließen, dass die

Teilchenneubildung und die Geschwindigkeit des Oberflächenwachstums unmittelbar zu Beginn der Rußbildung durch die Variation der Zusammensetzung der Gegenströmung und die daraus resultierenden Effekte nicht beeinflusst werden.

6.1.2 Rußvolumenbruch bei nicht rußender Flamme als Gegenströmung

6.1.2.1 Flammen mit NO oben

Eine Variation der Gegenströmung derart, dass die Argon-Sauerstoff-Mischung am oberen Brenner durch eine nicht rußende Argon-Sauerstoff-Ethin-Flamme ersetzt wird, bewirkt eine Änderung der Bedingungen für die Grenzschicht. Einerseits wird weniger O_2 für die Oxidation des Rußes zur Verfügung stehen, andererseits ändert sich auch die Flammentemperatur. Die Auswirkungen auf den Rußvolumenbruch zeigt Abbildung 6.3. Auch hier hat sowohl eine höhere Sauerstoffkonzentration in der Gegenstromflamme (D: C/O = 0,5; E: C/O = 0,4), als auch die Zumischung von NO eine Reduktion der Rußkonzentration zur Folge.

Die stöchiometrische Flamme (E) am Gegenbrenner verringert den Rußvolumenbruch um etwa 30 % im Vergleich zur Flamme D, die sauerstoffärmer ist. Die Lage des Rußmaximums verschiebt sich bei mehr Sauerstoff im Gegenstrom zum unteren Brenner hin. Dies steht in Analogie zu den Ethin-freien Flammen am oberen Brenner.

Das Maximum des Rußvolumenbruchprofils verschiebt sich hier relativ zur Stauebene weniger stark in Richtung des unteren Brenners, als bei den Flammen mit Argon-Sauerstoff-Gemisch im Gegenstrom. Auch der Abfall der Rußkonzentration in der Grenzschicht verläuft steiler. Dies deutet darauf hin, dass bei den Flammen D und E mit nicht rußender Gegenströmung weniger Oxidationsmittel in der Diffusionszone vorliegt, als bei den Flammen mit Argon-Sauerstoff-Gemisch (Flammen B und C) und der oxidative Abbau der Rußpartikel in diesem Bereich schwächer ist.

Bei der Zumischung von NO steigt auch im Fall der nicht rußenden Gegenströmung die Abnahme der Rußmenge mit der Gesamtmenge des Rußes an. Ein größeres C/O-Verhältnis der rußenden Flamme hat, wie im Fall der Sauerstoff-Gegenströmung, eine verhältnismäßig größere Reduktion der Rußmenge durch NO zur Folge. Eine größere Anzahl an Reaktionspartnern verbessert auch hier die Gesamtreaktionsrate.

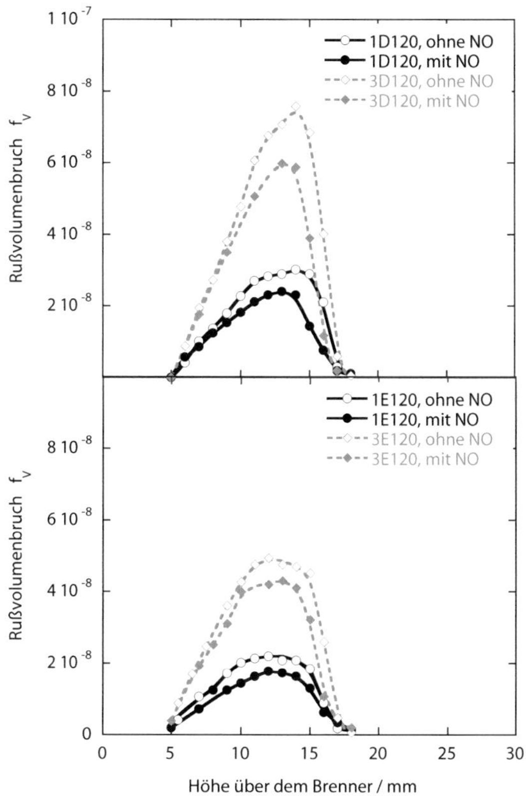

Abbildung 6.3: *Rußvolumenbrüche bei verschiedenen C/O-Verhältnissen und mit und ohne NO am oberen Brenner*

6.1.2.2 Flamme mit NO unten

Bei allen vorangegangenen Flammen wurde NO immer am oberen Brenner zugemischt. Eine Wechselwirkung von NO mit dem in der unteren Flamme enthaltenen Ruß ist in diesem Fall auf die Diffusionszone der Stauebene beschränkt. Im nächsten Fall wird NO direkt in die rußende Flamme eingemischt, also am unteren Brenner zudosiert. Hier kann es sofort zu Reaktionen zwischen den Kohlenstoffverbindungen und dem Stickoxid kommen. Abbildung 6.4 zeigt die Rußvolumenbrüche der Flamme 1D120, bei der NO unten zugemischt wurde, im Vergleich mit der NO-freien Flamme.

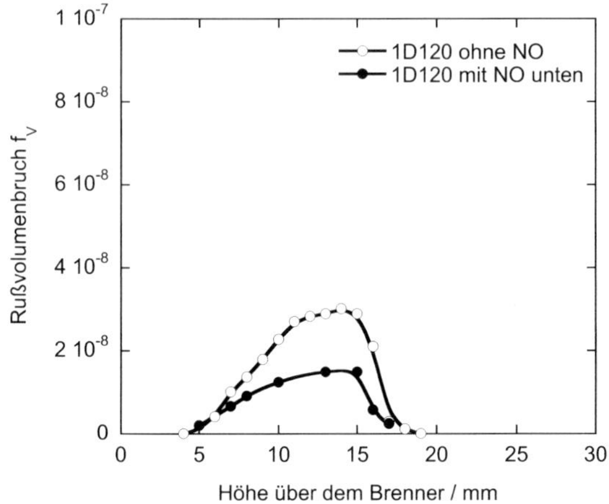

Abbildung 6.4: *Rußvolumenbrüche von 1D120 mit und ohne NO-Zugabe am unteren Brenner*

Der Vergleich des Rußvolumenbruchs der Flamme 1D120, bei der NO am unteren Brenner zugemischt ist (Abbildung 6.4), mit dem bei der Flamme 1D120, bei der NO am oberen Brenner zugemischt ist (Abbildung 6.3, oben), verdeutlicht, dass das direkt in die rußende Flamme zugeführte Stickoxid einen signifikant größeren Effekt auf die Rußreaktionen hat, als über die Grenzflächen hinweg. Der Rußvolumenbruch wird in diesem Fall im Maximum um 50 % abgesenkt. Die Reaktionen über die Grenzfläche hinweg haben nur eine Absenkung des Rußvolumenbruchs um 20 % zur Folge. Der Kontakt mit den Kohlenstoffverbindungen schon im Bereich der Rußbildung und kleiner Partikel mit anteilig großer reaktiver Oberfläche bietet dem Stickoxid weit bessere Bedingungen der Reaktion.

Nach der Messung der Rußvolumenbrüche mittels Extinktion sind somit erste Aussagen über eine etwaige Ruß-NO-Wechselwirkung möglich. Die stärkere Abnahme der Rußmenge nach Zumischen von NO im Fall höherer Rußkonzentrationen am unteren Brenner bei den Flammen mit oxidierender Gegenströmung legt nahe, dass eine größere Anzahl an möglichen Reaktionspartnern, resultierend aus der höheren Rußkonzentration, die Möglichkeit von Wechselwirkungen deutlich verbessert. NO, das am unteren Brenner zudosiert wird, tritt in direkten Kontakt mit dem sich bildenenden Ruß und kann schon früh oxidativ wirken. Vor allem die Vielzahl kleiner Partikel im unteren Bereich der Flamme verbessert die

Möglichkeit der Reaktion zwischen Ruß und NO. Der Angriff der NO-Moleküle an die Rußoberfläche vereinfacht sich so, die Abbauraten steigen.

Eine Flamme am oberen Brenner verschlechtert den Rußabbau durch NO deutlich, die erzielten Effekte sind signifikant geringer, als bei der Argon-Sauerstoff-Mischung. Dies ist verständlich, da das NO hier in eine weitaus reaktivere Strömung gemischt wird. Schon vor dem Kontakt mit Ruß an der Grenzschicht laufen in der nicht rußenden Flamme Reaktionen ab, die zum Abbau des am oberen Brenner zudosierten NOs führen. Nichtsdestotrotz ist NO im Bereich der Grenzschicht immer noch in ausreichendem Maße vorhanden, um die vorliegende Rußmenge deutlich zu verringern. Wird NO am oberen Brenner zugemischt, wirkt die Stauebene trennend auf Ruß und NO. Das NO kommt erst mit großen und „alten“ Rußpartikeln in Kontakt. Hier ist der Bereich in der Flamme, in dem Reaktionen zwischen Ruß und NO ablaufen können, viel kleiner und wird durch Diffusion bestimmt. Der mögliche oxidative Angriff durch NO beschränkt sich auf Oberflächenreaktionen an wenigen und großen Rußpartikeln. Dies erklärt die signifikant geringere Auswirkung des NOs auf die Rußkonzentration bei der Zumischung in der oberen Flamme.

Direkt in die Flamme eingemischtes NO senkt die Rußkonzentration am stärksten ab. Hier kann das Stickoxid schon im frühen Stadium der Rußbildung und bei großen reaktiven Oberflächen wechselwirken. Inwieweit Temperatureffekte eine zusätzliche Rolle bei der Verringerung der Rußkonzentration spielen ist im Weiteren zu klären.

6.1.3 Vergleich der Messergebnisse mit der Modellierung

Werden die experimentell ermittelten Ergebnisse der Messungen der Rußkonzentration zusammengefasst, so lässt sich feststellen, dass die Zumischung von NO einen deutlichen Einfluss auf die Flamme hat. Sie bewirkt eine Absenkung der Rußkonzentration. Dieser Effekt ist nicht nur lokal begrenzt an der Stauebene zu beobachten, sondern er wirkt sich auf die gesamte Flamme aus, auch über die Staufläche hinweg. Inwieweit diese Ergebnisse mit dem mathematischen Modell der Flammen übereinstimmen, soll der Vergleich der Messergebnisse mit der Simulation zeigen.

6.1.3.1 Flamme 1D120 mit NO oben

Mit Hilfe des in Kapitel 5 beschriebenen Simulationsprogrammes SOFOKLES wird die Flamme 1D120 mit nicht rußender Flamme im Gegenstrom und einem C/O-Verhältnis von 1,2 am unteren Brenner simuliert. Ergebnis der Simulation sind Informationen über die Gaseigenschaften der Flamme in Form von Temperatur, Druck und Strömungsgeschwindigkeit als Funktion der Höhe über dem Brenner. Weiterhin stehen die Konzentrationen einer Vielzahl von Spezies zur Verfügung, sowohl von Edukten und Produkten als auch von Zwischenprodukten der Verbrennung. Ergebnis der Simulation der Rußbildung sind die Verläufe von Rußvolumenbruch und Partikelanzahldichte. Die Messergebnisse werden im Folgenden den Ergebnissen der Simulationsrechnungen gegenübergestellt. Dies dient dazu, Rückschlüsse auf die in der Flamme ablaufenden Reaktionsmechanismen zu ziehen.

Zunächst wird die Flamme 1D120 mit und ohne NO am oberen Brenner betrachtet. Abbildung 6.5 zeigt das aus der Simulation resultierende Profil des Rußvolumenbruches als Funktion der Höhe über dem Brenner. Allen im Folgenden gezeigten Ergebnissen liegt SOFOKLES mit der in Kapitel 5 beschriebenen Erweiterung um Gasphasen- und Oberflächenreaktionen für NO zu Grunde.

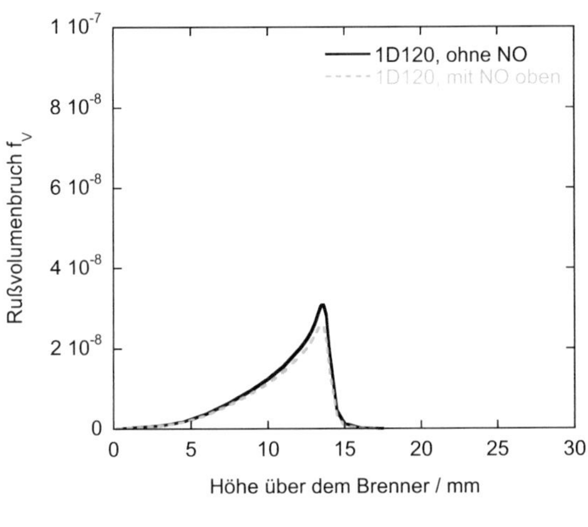

Abbildung 6.5: *Simulierte Rußvolumenbrüche mit und ohne NO-Zugabe am oberen Brenner*

Der Vergleich des Profils mit dem Ergebnis der Extinktionsmessung (vgl. Abbildung 6.3) zeigt, dass die maximalen Rußkonzentrationen von Messung und Simulation sehr gut übereinstimmen. Auch die Absenkung des Rußvolumenbruchs durch die Zugabe von NO wird von der Simulation entsprechend gut wiedergegeben. Der Verlauf des Rußvolumenbruches über der Höhe unterscheidet sich zwischen Messung und Simulation allerdings deutlich. Die Messung zeigt ab einer Höhe von 5 mm einen starken Anstieg der Rußkonzentration, der sich zum Maximum hin abflacht und relativ lange auf einem hohen Niveau bleibt. Der Anstieg des Rußvolumenbruches in der Simulation ist bei kleinen Höhen langsamer, nimmt aber ab etwa 10 mm über dem unteren Brenner deutlich zu. Der Bereich der höchsten Rußkonzentration ist im Vergleich zur Messung sehr schmal. Der Abfall der Rußkonzentration ist deutlich schneller als bei der Messung. Insgesamt kann aber von einer guten Übereinstimmung ausgegangen werden, da auch die Rußabnahme infolge des zugemischten Sickstoffmonoxids sehr gut durch die Simulation abgebildet wird.

Das simulierte Profil des Rußes ist nicht nur bei diesen Rechnungen in dieser Form abweichend von den Messungen, auch in der Arbeit von APPEL [11] zeigt sich der gleiche Verlauf. Eine Verbreiterung des Verlaufs des Rußvolumenbruchs konnte unter Wahrung der Stabilität und Korrektheit der Simulation auch nicht durch Verstärkung der Diffusion kleiner Partikel erreicht werden. APPEL [11] beschreibt die Abweichung als ausreichend gering, da die Maxima unabhängig von den Gaszusammensetzungen gut dargestellt werden können. Mit dem Modell gelingt es also, die Rußbildung in laminaren vorgemischten Gegenstromflammen zu simulieren. Dabei werden die chemischen Rückkopplungen und der Strahlungseinfluss der Rußteilchen auf die Temperatur berücksichtigt.

6.1.3.2 Flamme 1D120 mit NO unten

Bei der Messung des Rußvolumenbruchs zeigt sich eine deutlich stärkere Abnahme der Rußmenge bei Zumischung von NO am unteren Brenner (vgl. Abbildung 6.4). NO am oberen Brenner bewirkt eine Absenkung des Rußvolumenbruchs um 20 %, am unteren Brenner hingegen um 50 %. Die Simulation der Flammen 1D120 mit NO am unteren Brenner ergibt einen ebenfalls deutlich kleineren Rußvolumenbruch (vgl. Abbildung 6.6). Der Verlauf von f_V entspricht dem, der in Kapitel 6.1.3.1 für die Flamme 1D120 mit NO am oberen Brenner beschrieben ist. Die Gründe sind die gleichen (vgl. Kapitel 6.1.3.1).

Wird das Ergebnis der Simulation mit den über die Extinktionsmessungen bestimmten Rußvolumenbrüchen in Abbildung 6.4 verglichen, so lässt sich die sehr

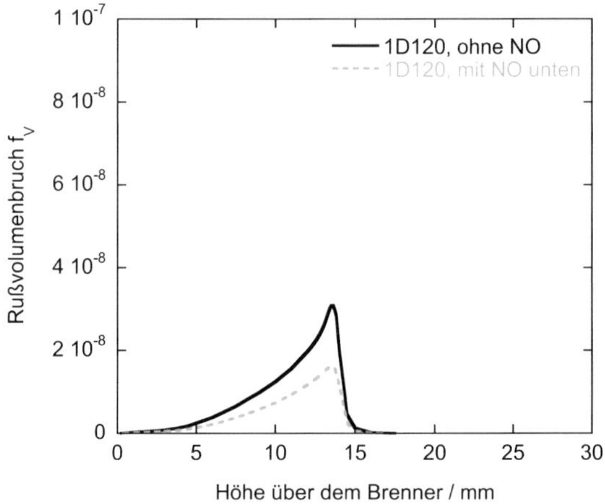

Abbildung 6.6: *Rußvolumenbrüche bei NO-Zugabe am unteren Brenner*

gute Übereinstimmung der Daten erkennen. Das SOFOKLES zugrunde liegende Modell gibt auch den verstärkten Rußabbau durch das NO am unteren Brenner sehr genau wieder.

Der hier durchgeführte Vergleich der Rußvolumenbrüche, die mittels Extinktionsmessungen gewonnen sind, und den Rußvolumenbrüchen, die aus der Simulation der Flamme resultieren, zeigt, dass SOFOKLES mit dem neu implementieren NO-Mechanismus in der Lage ist, die Auswirkungen der NO-Zugabe in rußenden Gegenstromflammen sehr genau zu modellieren. Auch verschiedene Arten der Zumischung von NO, die zu unterschiedlichen Mechanismen des Rußabbaus führen, werden von dem Modell korrekt erfasst, was sich in den sehr guten Simulationsergebnissen widerspiegelt.

6.2 Ergebnisse der Zwei-Farben-Pyrometrie

Die Temperatur liefert einen weiteren wichtigen Baustein, um die in der Flamme ablaufenden Prozesse, insbesondere im Hinblick auf die Ruß-NO-Interaktion, verstehen zu können. Gemessen wird sie anhand der von der Flamme emittierten thermischen Strahlung (vgl. Kapitel 4.4).

Die hier gezeigten Verläufe sind kontinuierlich aufgenommene und über mehrere Messungen gemittelte Temperaturen, im Gegensatz zu den Rußvolumenbrüchen, die das Ergebnis diskreter Messungen sind.

Durch die Verwendung von ICCD-Kameras beinhaltet die Messung neben der Temperatur in Abhängigkeit von der Höhe über dem unteren Brenner auch die Information über den Verlauf der Temperatur entlang der radialen Achse. In Abbildung 6.7 sind die zweidimensionalen Aufnahmen zweier Flammen dargestellt. Die Abbildungen sind so gestaltet, dass gleiche Farben gleichen Signalintensitäten entsprechen. Die Farbverläufe des Rußeigenleuchtens zeigen in radialer Richtung keine Gradienten. Lediglich im seitlichen Randbereich der Aufnahmen treten Gradienten, erkennbar an der Änderung der Färbung, auf. Diese Gradienten am linken und rechten Rand der Rußzone sind nicht auf die Flamme, sondern auf die Detektionsoptik zurückzuführen und werden in der Auswertung ausgenommen. In dem von Abbildungsfehlern unbeeinflussten Bereich weist die Flamme eine sehr gute Homogenität auf und es liegt lediglich ein Gradient in Richtung senkrecht zur Brenneroberfläche vor. Die zweite leuchtende Fläche in den unteren Bildern resultiert aus der Reaktionszone der nicht rußenden Flamme am oberen Brenner.

Mit diesen Messungen kann erneut die Symmetrie der untersuchten Flammen und die Unabhängigkeit der Parameter von der radialen Position in der Flamme bestätigt werden (vgl. Kapitel 6.1). Aus diesem Grund genügt es, den Temperaturverlauf wie auch alle anderen Größen nur über der Höhe über dem Brenner darzustellen, unabhängig von der radialen Position in der Flamme.

Abbildung 6.7 zeigt das detektierte Rußeigenleuchten bei einer Flamme ohne NO (links) und bei einer Flamme mit NO (rechts), jeweils bei 755 nm (oben) und 426 nm (unten). Das Signal bei 755 nm ist deutlich schwächer, als nach Abbildung 3.1 zu erwarten wäre. Es müsste signifikant höher liegen, als das von 426 nm. Der Grund ist ein Artefakt, der auf die verwendeten Kameras zurückzuführen ist, die bei der größeren Wellenlänge eine geringere Quantenausbeute aufweisen. Dies stellt bei der Auswertung kein Problem dar, da zur Bestimmung der Temperatur eine Kalibrierung vorgenommen wird, die den Effekt kompensiert.

Die Intensität der Flamme ohne NO (links) ist insgesamt höher, als die der Flamme mit NO. Der Grund ist in diesem Fall eine höhere Rußkonzentration, die die Gesamtstrahlungsintensität, welche auch eine Funktion der vorhandenen strahlenden Masse ist, vergrößert. Zur Bestimmung der Temperatur muss immer das

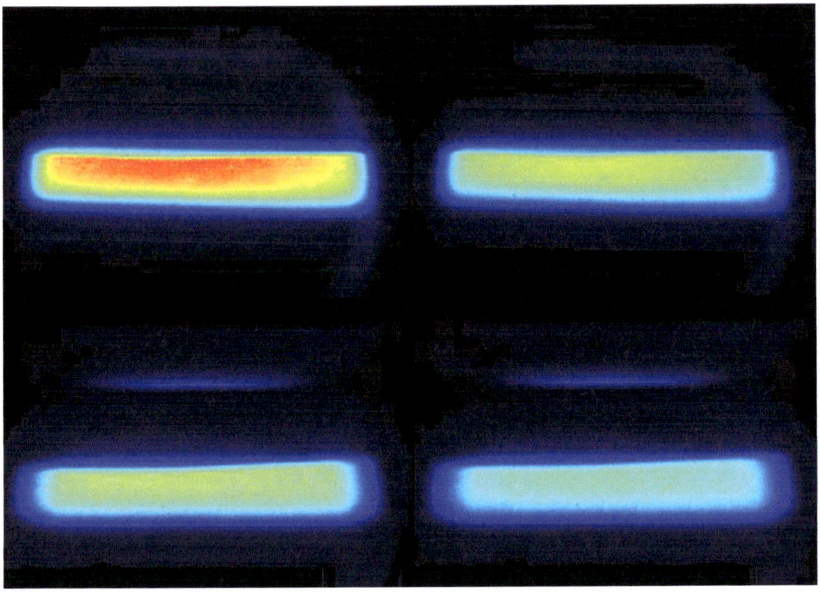

Abbildung 6.7: *2D-Aufnahmen des Rußeigenleuchtens für eine rußende Flamme ohne NO (links) und eine rußende Flamme mit NO (rechts); oben: 755 nm, unten: 426 nm*

Verhältnis der beiden Intensitäten bei den unterschiedlichen Wellenlängen betrachtet werden. Hier eine konkrete Aussage anhand der Bilder zu machen, ist schwierig. Das ermittelte Verhältnis der Intensitäten von 426 nm zu 755 nm ist im Fall der Flamme ohne NO kleiner, als bei der Flamme mit NO. Daraus ergibt sich, dass die Temperatur der NO-freien Flamme niedriger ist, als die der NO-haltigen Flamme.

6.2.1 Variation der Gegenströmung

Abbildung 6.8 verdeutlicht die Auswirkung der Gegenströmung auf die Flammentemperatur. Es ist der Temperaturverlauf dreier Gegenstromflammen mit der gleichen rußenden Flamme 1 (C/O = 1,2) bei 120 hPa am unteren Brenner dargestellt. Variiert ist die Gegenströmung. Sie ist einmal reines Argon (1A120). Weiterhin ist die Temperatur bei einer Argon-Sauerstoff-Gegenströmung dargestellt (1B120) und bei einer nicht rußend brennenden Argon-Sauerstoff-Ethin-

Gegenströmung (1D120). Im Fall der Argon-Gegenströmung (1A120) liegt die Stauebene bei etwa 17 mm. In den beiden anderen Fällen liegt sie tiefer, bei etwa 15 mm. Die Zwei-Farben-Pyrometrie ist auf das Vorhandensein von Rußpartikeln in ausreichender Anzahl angewiesen. Aus diesem Grund sind für kleine Höhen über dem unteren Brenner und oberhalb der Stauebene keine Temperaturmessungen möglich.

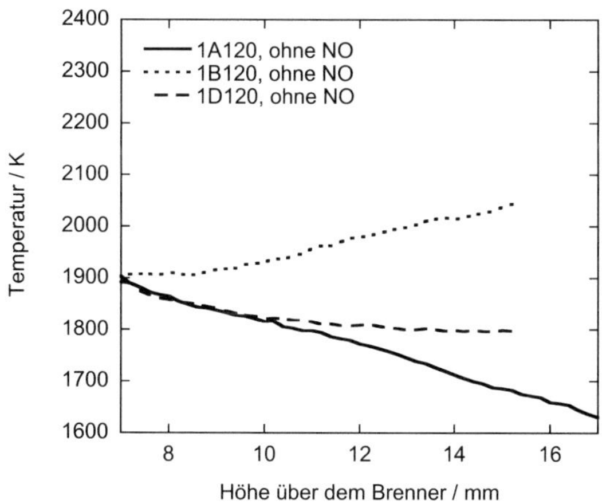

Abbildung 6.8: *Flammentemperaturen bei unterschiedlicher Gegenströmung*

Ist die Gegenströmung, wie im Fall 1A120, reines Argon, so kühlt diese die Flamme am unteren Brenner deutlich ab. Die Temperatur fällt, ausgehend von 1900 K bei 7 mm über dem unteren Brenner, auf etwa 1700 K ab. Diese Temperatur wird bei 17 mm über dem Brenner gemessen, also an der Staufläche. Liegt im Gegensatz dazu eine oxidierende Gegenströmung aus O_2 und Ar vor, so steigt die Flammentemperatur an der Stauebene deutlich an. Dies liegt an der sich bildenden zweiten Reaktionszone im Bereich der oberen Strömung, in der die Abgase der rußenden Flamme weiter oxidiert werden. Dabei wird Energie frei, was die Flammentemperatur auf bis zu 2100 K ansteigen lässt. Brennt gegen die untere rußende Flamme eine nicht rußende Flamme, wie im Fall 1D120, so sinkt die Temperatur unterhalb der Stauebene nur wenig ab und bleibt dann nahezu konstant. Durch den Abbrand von O_2 am oberen Brenner ist die Gegenströmung heiß. Es liegt aber nicht mehr so viel freier Sauerstoff vor, wie im Fall 1B120, so dass die exothermen oxidativen Abbaureaktionen im Abgasbereich deutlich schwächer sind. Damit wird weniger Energie frei, die starke Erhöhung der Flammentemperatur wie im Fall der Sauerstoff-Gegenströmung bei Flamme 1B120 bleibt aus.

Zu bemerken ist noch, dass alle drei Flammen bei einer Höhe von 7 mm die gleiche Temperatur zeigen. Dies legt die Vermutung nahe, dass die Gegenströmung an dieser Stelle keinen Einfluss mehr auf die Temperatur der Flamme am unteren Brenner hat. Das würde bedeuten, dass hier lediglich die Verbrennungsbedingungen der am unteren Brenner eingestellten Flamme maßgeblich sind, was den Ergebnissen aus den Messungen der Rußvolumenbrüche entsprechen würde. Bei den Rußvolumenbrüchen ist allgemein festzustellen, dass bis zu einer Höhe von etwa 7 – 8 mm über dem unteren Brenner keine Auswirkungen der Gegenströmung festzustellen sind (vgl. Abbildung 6.2 und 6.3). Aufgrund der zu geringen Menge an Rußpartikeln unter einer Höhe von 7 mm über dem unteren Brenner kann mit der Zwei-Farben-Pyrometrie keine Aussage über Temperaturen unterhalb dieser Höhe gemacht werden.

6.2.2 Variation des C/O-Verhältnisses am unteren Brenner

Abbildung 6.9 stellt mittels 2-Farben-Pyrometrie gemessene Flammentemperaturen im rußenden Bereich der unteren Flamme dar. Die Temperatur ist für die drei Flammen 1D120, 2D120 und 3D120 über der Höhe über dem unteren Brenner aufgetragen. Die drei Flammen unterscheiden sich im Brennstoff-Sauerstoff-Verhältnis der Gasvormischung am unteren Brenner. Das C/O-Verhältnis nimmt von 1,2 bei Flamme 1D120 über 1,25 bei 2D120 bis zu 1,3 bei 3D120 zu. Die Flamme am oberen Brenner ist in allen drei Fällen gleich und weist ein C/O-Verhältnis von 0,5 auf.

Bereits bei der niedrigsten Höhe, an der die Temperatur der Rußpartikel gemessen werden kann (7 mm über dem unteren Brenner) unterscheiden sich die Temperaturen der drei Flammen deutlich. Die Temperatur der Flamme 1D120 liegt mit etwa 1900 K am höchsten, 2D120 und 3D120 liegen jeweils etwa 30 K tiefer. Eine Zunahme des C/O-Verhältnisses im Ausgangsgemisch um 4 % entspricht hier einer Temperaturabsenkung von etwa 30 K bzw. 1 – 2 %. Die unterschiedliche Stöchiometrie der Flammen am unteren Brenner hat zur Folge, dass sich die Flammentemperatur absolut verändert. Eine Anfettung der Flamme führt zu einer weniger vollständigen Verbrennung. Der Anteil an Kohlenstoffmonoxid und

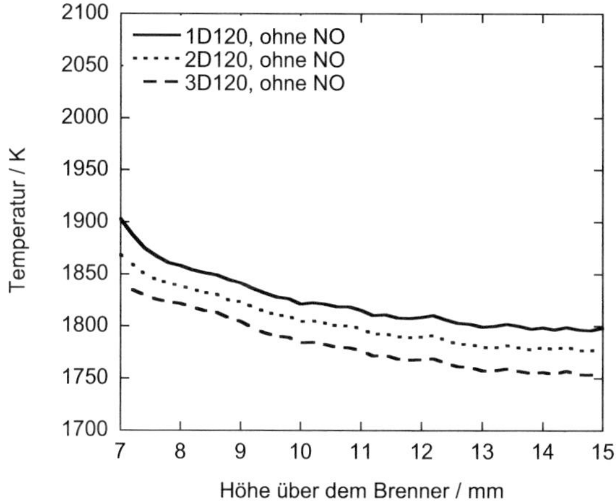

Abbildung 6.9: *Flammentemperaturen bei unterschiedlichem C/O-Verhältnis der rußenden Flamme am unteren Brenner*

Wasserstoff in der Flamme nimmt zu. Damit wird die freigesetzte Wärme geringer, die Verbrennungstemperatur sinkt.

Im weiteren Fortgang der Verbrennung bleibt dieser Unterschied bestehen. Mit zunehmendem Abstand zum unteren Brenner fällt die Temperatur der einzelnen Flammen langsam, wie schon in Kapitel 6.2.1 beschrieben, wobei die Temperaturkurven zueinander nahezu äquidistant bleiben. Die brennstoffreichere Flamme 3D120 ist über den gesamten Messbereich kälter, als die magerere Flamme 2D120, die wiederum kälter ist, als 1D120. Die gleichen Gradienten im Temperaturverlauf über der Höhe weisen darauf hin, dass hier ein Einflussfaktor die Flammentemperatur dominiert, der für alle drei Flammen gleich ist. Demnach kann die Ursache nicht in der Stöchiometrie oder der Rußkonzentration der unteren Flammen gefunden werden, denn diese unterscheiden sich bei allen drei Flammen deutlich. Vielmehr kommt hier der Einfluss der oberen Flamme zum Tragen. Die Zusammensetzung der oberen Flamme ist für alle drei Gegenstromanordnungen gleich. Die Abstrahlung der oberen Flamme wird wesentlich durch die gasförmigen IR-aktiven Komponenten verursacht, deren Konzentration in der oberen Flamme aufgrund der unveränderten Zusammensetzung in allen drei Flammen gleich ist.

6.2.3 Zumischung von NO am unteren Brenner

Neben dem Einfluss der Gegenströmung bzw. der Zusammensetzung der rußenden Flamme auf die Flammentemperatur werden auch die Auswirkungen der Zumischung von NO untersucht. Das zusätzlich vorhandene Stickoxid führt zu einer Vielzahl zusätzlicher Reaktionen in der Flamme, die sich auch in der Energiebilanz niederschlagen und somit die Flammentemperatur beeinflussen.

Am unteren Brenner zugemischtes Stickstoffmonoxid erlaubt die Untersuchung der Reaktionen des sich bildenden Rußes mit NO bzw. anderen sich bildenden Spezies. Das in die rußende Flamme zugemischte NO bewirkt, wie Abbildung 6.10 zeigt, eine Erhöhung der Temperatur um etwa 40 K, unabhängig vom C/O-Verhältnis der Flamme und unabhängig von der Höhe über dem Brenner.

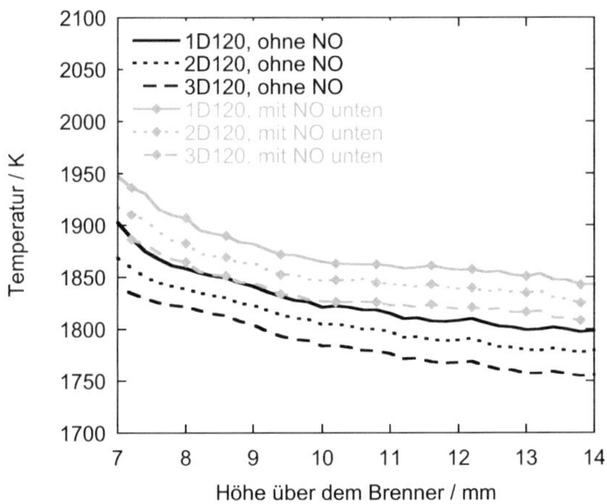

Abbildung 6.10: *Flammentemperaturen bei Zumischung von NO am unteren Brenner*

Die Temperaturänderung kann entweder auf exotherme Stickstoffreaktionen zurückgeführt werden, oder, wie in Kapitel 6.2.2 erläutert, ein Effekt des mehr oder weniger vorhandenen Rußes sein. Zur Klärung müssen die gemessenen Rußkonzentrationen betrachtet werden. Wie in Kapitel 6.2.2 beschrieben, korreliert bei Variation des C/O-Verhältnisses eine größere Rußmenge mit einer niedrigeren Temperatur der Flamme. Die höhere Temperatur im Fall der Flammen mit NO könnte also auf die Reduktion der Rußmenge aufgrund der Stickoxidreaktionen in der Flamme zurückzuführen sein (vgl. Abbildung 6.4). Vergleicht man die Temperaturänderung, die mit der Änderung des C/O-Verhältnisses in den NO-freien Flammen einhergeht (1D120 bis 3D120, immer ohne NO), mit der Temperaturänderung, die eine Zumischung von NO in die Flamme bewirkt (1D120, ohne NO verglichen mit 1D120, mit NO unten, etc.), so ist festzustellen, dass diese in einer ähnlichen Größenordnung liegen. Bei der gemessenen Rußkonzentration sind die Unterschiede aber weitaus größer. Die Verringerung des Rußvolumenbruchs der NO-freien Flamme bei der Absenkung des C/O-Verhältnisses von 1,3 zu 1,2 ist sehr viel größer, als es die Zumischung von NO in die untere Flamme bewirkt. Hier kann also kein direkter Zusammenhang zwischen der Änderung der Rußkonzentration und der Flammentemperatur aufgezeigt werden. Welche konkreten Auswirkungen die Zumischung von NO auf Rußbildung und -abbau hat und welcher Effekt zur Temperaturerhöhung führt, muss mittels Modellrechnungen (vgl. Kapitel 6.4) geklärt werden.

6.2.4 Zumischung von NO am oberen Brenner

Die Zumischung von NO am unteren Brenner bewirkt eine Verschiebung der Flammentemperatur zu höheren Werten. Diese Temperaturänderung ist über den gesamten untersuchten Bereich der Flamme konstant (vgl. Kapitel 6.2.3). Wird NO am oberen Brenner zugemischt, so hat dies eine deutliche Änderung im Verlauf der Temperatur zur Folge, wie es Abbildung 6.11 darstellt. Die Temperaturänderung durch die NO-Zumischung ist im untersuchten Bereich nicht mehr konstant. Sie ist an der Grenzschicht (h = 14 mm) am größten und wird zum unteren Brenner hin, also mit abnehmender Höhe, immer kleiner. Dies ergibt sich aus der Tatsache, dass die Stickoxidreaktionen über die Grenzschicht hinweg auf die untere Flamme wirken. Analog zu den Temperaturbetrachtungen an den NO-freien Flammen mit variierender Gegenströmung (vgl. Abbildung 6.8) ist bei einer Höhe von 7 mm über dem Brenner kein Einfluss auf die Temperatur mehr vorhanden. Dies stimmt auch mit dem für die Rußvolumenbrüche gefundenen Ergebnis überein. Auch hier hat das zugemischte NO bis zu einer Höhe von 7 mm keinen Einfluss auf die Rußkonzentration (vgl. Kapitel 6.1, Abbildung 6.2 und 6.3).

Mit zunehmender Höhe weichen die Temperaturen immer weiter voneinander ab. Der größte Unterschied wird bei der größten Messhöhe, bei 14 mm über dem Brenner gefunden. Hier liegt die Temperatur bei den stickstoffhaltigen Messungen um etwa 30 – 40 K über der Temperatur der NO-freien Flamme. Dabei ist der Unterschied bei größerem C/O-Verhältnis größer, als bei kleinem C/O-Verhältnis.

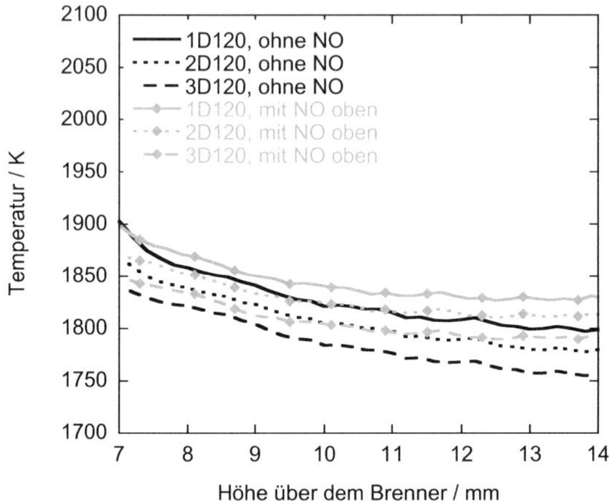

Abbildung 6.11: *Flammentemperaturen bei Zumischung von NO am oberen Brenner*

Dies legt wieder den Schluss nahe, dass die NO-Ruß-Wechselwirkungen umso stärker sind, je mehr Ruß vorhanden ist. Auch dies korreliert mit den Messungen der Rußvolumenbrüche mittels Extinktion (vgl. Kapitel 6.1).

Aus den Temperaturmessungen mittels Zwei-Farben-Pyrometrie ist als Ergebnis festzuhalten, dass eine kleinere Rußkonzentration mit einer höheren Flammentemperatur einhergeht. Dies ist auf die geringere thermische Strahlung der Flamme bei kleinen Rußmengen und die damit verbundene geringe Wärmefreisetzung zurückzuführen.

Darüber hinaus führt eine Zumischung von Stickstoffmonoxid zu einer Temperaturzunahme. Diese höhere Temperatur geht wiederum mit einer niedrigeren Rußkonzentration einher. Ob nur die Temperaturänderung für die niedrigeren Rußvolumenbrüche in den stickstoffhaltigen Flammen ausschlaggebend ist oder ob der Absenkung der Rußvolumenbrüche eine Wechselwirkung von NO und Ruß zugrunde liegt, muss in weiterführenden Studien geklärt werden.

Weiterhin ist festzustellen, dass die Grenzschicht die untere und obere Flamme nicht voneinander trennt. Es sind Wechselwirkungen zwischen oberer und unterer Flamme bis weit in Richtung unterem Brenner festzustellen.

6.2.5 Vergleich der Messergebnisse mit der Modellierung

Aus den Messungen der Temperaturen sind keine eindeutigen Rückschlüsse auf die Ursachen der Veränderungen der Temperatur bei Zumischung von Stickstoffmonoxid möglich. Mit Hilfe der Modellierung der Flammen kann der Einfluss der Stickoxidreaktionen auf die Flammen näher untersucht werden. Der Verlauf der Temperatur wird in der Simulation durch Lösen der Energieerhaltungsgleichung unter Berücksichtigung der Rußstrahlung bestimmt (vgl. Kapitel 5).

6.2.5.1 Flamme 1D120 mit NO unten

Abbildung 6.12 zeigt den simulierten Temperaturverlauf der Flamme 1D120 ohne NO und den der Flamme 1D120, bei der am unteren Brenner Stickstoffmonoxid zugemischt wird.

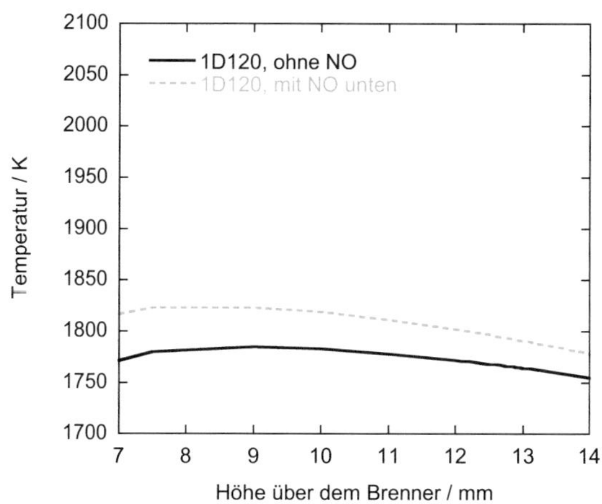

Abbildung 6.12: *Simulierte Flammentemperatur bei NO-Zugabe am unteren Brenner*

Die gemessenen Temperaturen der gleichen Flammen sind in Abbildung 6.10 dargestellt. Die Gegenüberstellung der Ergebnisse von Messung und Simulation lässt eine gute Übereinstimmung von simulierter und gemessener Temperatur feststellen. Die relative Temperaturänderung, die durch die Zumischung von NO in die Flamme am unteren Brenner hervorgerufen wird, liegt sowohl im Experiment als auch in der Simulation bei 1 – 2 % der Gesamttemperatur. Der Absolutwert der Temperatur wird im Fall der Messung unabhängig von der Zusammensetzung jedoch etwas höher bestimmt, als bei der Simulation.

Der Verlauf der simulierten Temperatur bei Höhen im Bereich von 7 – 8 mm über dem Brenner unterscheidet sich von den Messergebnissen. Hier ist bei der Messung ein weiterer Temperaturanstieg in Richtung des unteren Brenners festzustellen. Die Simulation zeigt in diesem Bereich Temperaturen, die schon Richtung Gaseintrittstemperatur abfallen. Der Temperaturanstieg ist im Modell langsamer, als aufgrund der Messungen der Temperatur zu erwarten wäre. Parameter, die den Temperaturanstieg beschleunigen würden, führen aber nicht zu dem insgesamt guten Simulationsergebnis, das hier gezeigt ist.

Zu den Messergebnissen ist zu sagen, dass die Unsicherheit der Temperaturmessung mittels der Zwei-Farben-Pyrometrie bei kleinen Höhen über dem Brenner relativ gross ist. Der zur Messung notwendige Ruß ist in diesem Bereich, der noch als Rußbildungszone angesehen werden kann, nur in geringen Mengen vorhanden, wie aus den Diagrammen der Rußvolumenbrüche (vgl. Abbildung 6.3) hervorgeht. Unterhalb der in den Abbildungen 6.8 bis 6.11 gezeigten Höhe von 7 mm ist keine sinnvolle Auswertung der gemessenen Signale mehr möglich. Die Abweichung von Experiment und Simulation ist folglich aufgrund der hier verwendeten Messmethode nicht überzubewerten. Für kleine Höhen über dem Brenner können die Absorptionsmessungen, die Temperaturen für den Gasraum unterhalb der Rußzone, bzw. für den Beginn der Rußbildungszone liefern und nicht auf das Vorhandensein von Rußpartikeln angewiesen sind, weiteren Aussagen ermöglichen.

6.2.5.2 Flamme 1D120 mit NO oben

Bei der Simulation der Temperatur der Flamme mit NO am oberen Brenner sind Unterschiede zu den Ergebnissen mit NO am unteren Brenner festzustellen. Abbildung 6.13 zeigt den simulierten Temperaturverlauf der Flamme 1D120, der NO am oberen Brenner in die nicht rußende Flamme zugemischt wird. Zum Vergleich ist auch hier wieder die Temperatur der NO-freien Flamme 1D120 dargestellt.

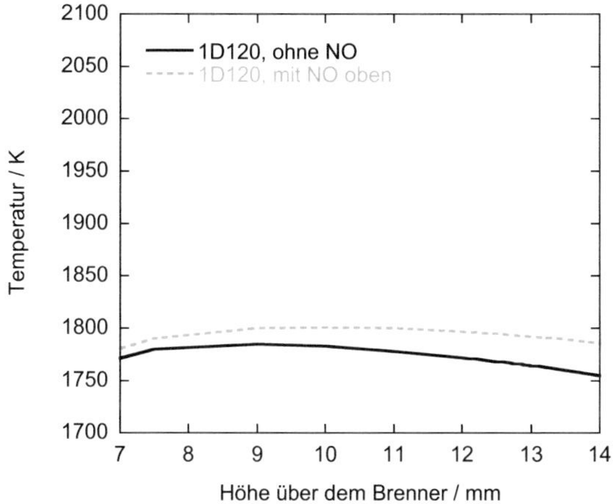

Abbildung 6.13: *Simulierte Flammentemperatur bei NO-Zugabe am oberen Brenner*

Wie im vorangegangenen Fall liegen die Temperaturwerte der Simulation auch bei dieser Flamme geringfügig unter denen der Messung. Der Verlauf der Temperaturen stimmt aber wieder sehr gut miteinander überein. Das zugemischte NO führt zu einer Erhöhung der Temperatur in der Flamme, die auch in der Messung zu finden ist (vgl. Abbildung 6.11). Weiterhin zeigt die Simulation auch die mit größerem Abstand von der Stauebene und damit von der NO-haltigen Flamme geringer werdende Abweichung von der Temperatur der stickoxidfreien Flamme. Der Unterschied der beiden Temperaturen ist im hier untersuchten Bereich sehr gering, da er unterhalb der Stauebene liegt, wo der Einfluss von NO vom oberen Brenner nicht mehr sehr groß ist. Dieser geringe Temperaturunterschied im Vergleich zu der NO-Zumischung am unteren Brenner zeigt sich auch in der Messung. Auch in diesem Fall kann geschlussfolgert werden, dass die Simulation die Ergebnisse der Messung gut erfasst. Die Ergebnisse der beiden Methoden sind konsistent.

Wie bei den Rußvolumenbrüchen, kann auch bei den Flammentemperaturen ein deutlicher Unterschied in der Auswirkung von zugemischtem NO auf die Gegenstromflamme in Abhängigkeit vom Ort der Zumischung gefunden werden. In Analogie zu den gemessenen Rußvolumenbrüchen bewirkt das Stickoxid weitaus größere Veränderungen der Flammeneigenschaften, wenn es am unteren Brenner zugemischt wird. Die Flammentemperatur nimmt über die gesamte Rußzone deutlich zu. Liegt NO oberhalb der Stauebene vor, ist die Temperaturerhöhung, die es bewirkt, signifikant geringer. Dies ist, wie auch im Fall der Rußvolumenbrüche, auf die nur geringe Wechselwirkung im Bereich der Rußzone zurückzuführen. Die Stauebene wirkt hier, wie schon bei den Rußmessungen beschrieben, trennend auf die einander entgegengesetzten Gasströme. Die Ergebnisse der Modellierung sind unter den untersuchten, sehr unterschiedlichen Flammenbedingungen immer im Einklang mit den Messergebnissen. Die Temperaturen bestätigen somit, dass das Modell die Gegenstromflammen auch mit NO erfolgreich simuliert. Obwohl die Ergebnisse der Temperaturmessungen konsistent mit den Ergebnissen der Rußvolumenbruchmessungen sind, ist anhand der vorliegenden Daten noch nicht evident, welche Prozesse in der Flamme die Änderungen ihrer Eigenschaften hervorrufen. Dies muss mit Hilfe des Modells weiter untersucht werden.

6.3 Ergebnisse der Absorptionsmessungen

Die Untersuchung der Wechselwirkung von NO mit Ruß profitiert zusätzlich von Informationen über das in der Flamme vorhandene NO. Diese werden mit Hilfe der Absorptionsmessungen gewonnen. Neben Informationen über die Stickstoffmonoxid-Konzentration in der Flamme, ermöglicht diese Methode auch die Messung der Temperatur der Flamme ohne das Vorhandensein von Ruß vorauszusetzen. Auf diese Weise kann die Temperatur in der Reaktionszone und am Beginn der Rußbildungszone ermittelt werden. In diesem Bereich fehlt die Temperaturinformation aus den Messungen des Rußeigenleuchtens mittels Zwei-Farben-Pyrometrie.

Die Messungen werden an der Gegenstromflamme 1D120 durchgeführt, bei der NO am unteren Brenner zudosiert wird. Im Gegensatz zur Extinktion und zur Zwei-Farben-Pyrometrie, die beide das Vorhandensein von Ruß voraussetzen, können mittels der Absorptionsmessungen auch rußfreie Flammen untersucht werden. Diese sind experimentell weitaus einfacher zugänglich. Ist Ruß in der Flamme vorhanden, so treten eine Vielzahl an Störungen und Überlagerungen im Messsignal auf, wie etwa des Eigenleuchten des Rußes, das einerseits bei der Zwei-Farben-Pyrometrie selbst das Messsignal darstellt, andererseits aber schwache speziesselektive Spektren so stark überlagern kann, dass diese nicht mehr zu separieren sind. Auch die Vielzahl an organischen Verbindungen in rußenden Flammen kann zu breitbandigen Überlagerungen führen, die es unmöglich machen können, rotationsaufgelöste Spektren mit entsprechend kleinen Linienbreiten zu messen. Für die Vorexperimente wird das System noch weiter vereinfacht. Um mögliche Störungen auf ein Minimum zu reduzieren, wird auch auf eine Flamme verzichtet, es werden kalte Argon-Strömungen untersucht, denen NO zugemischt ist. Können aus diesen Vorexperimenten sinnvolle und reproduzierbare Daten gewonnen werden, so kann als nächster Schritt auf die rußfreie Verbrennung übergegangen werden, die eine weitere Verbesserung des Messverfahrens erfordert. Die rußende Flamme schließlich wird unter Verwendung des erprobten Messsystems untersucht.

Die Absorptionsmessungen stellen in zweierlei Hinsicht eine große Herausforderung dar. Zum einen ist die Messtechnik zur Erfassung aussagekräftiger Absorptionsspektren sehr anspruchsvoll, wie in Kapitel 4.5 beschrieben. Die relativ schwachen Absorptionssignale müssen überlagerungsfrei und mit gutem Abstand zum Grundrauschen des Spektrums gemessen werden, auch wenn durch den in der Flamme vorhandenen Ruß eine Vielzahl an Störungen im Spektrum auftreten. Zum anderen muss ein Auswerteverfahren etabliert werden, das es ermöglicht, die Messdaten eindeutig und reproduzierbar auszuwerten. Das in der Literatur etwa von LÜCK [65] beschriebene Auswerteverfahren, das auf der Verhältnisbildung der Peakintegrale, wie sie in Kapitel 4.5.2 beschrieben ist, basiert, erweist sich im Verlauf der Arbeit als ungeeignet. Mit dieser Methode ist es nicht möglich, aussagekräftige Ergebnisse aus den gemessenen Absorptionsspektren abzuleiten. Daraus ergibt sich die Notwendigkeit, ein besseres Auswerteverfahren zu entwickeln, das belastbare Ergebnisse aus den Messdaten liefert. Warum die Auswertung über die Verhältnisbildung der Peakintegrale stark fehlerbehaftete Ergebnisse liefert, wird im folgenden beispielhaft anhand einer Auswertung der Absorptionsdaten nach dieser Methode dargelegt. Abbildung 6.14 zeigt die Auswertung der Flamme 1D120 ohne Ruß bei einer Höhe von 7 mm über dem Brenner.

Aus den gemessenen Spektren wird das Integral der Absorptionslinien bestimmt, also die Fläche unter dem jeweiligen Absorptionspeak für die gemessenen Linien $^{Q}R_{12}(26,5)$, $R_{22}(20,5)$, $^{P}Q_{12}(33,5)$ und $^{R}Q_{21}(16,5)$. Dies geschieht nach Korrektur der Basislinie. Für alle möglichen Kombinationen von Linienpaaren werden die Peakintegrale zueinander ins Verhältnis gesetzt. Dies ergibt bei vier gemessenen Absorptionslinien sechs Linienpaare und damit sechs Werte für die Integralverhältnisse.

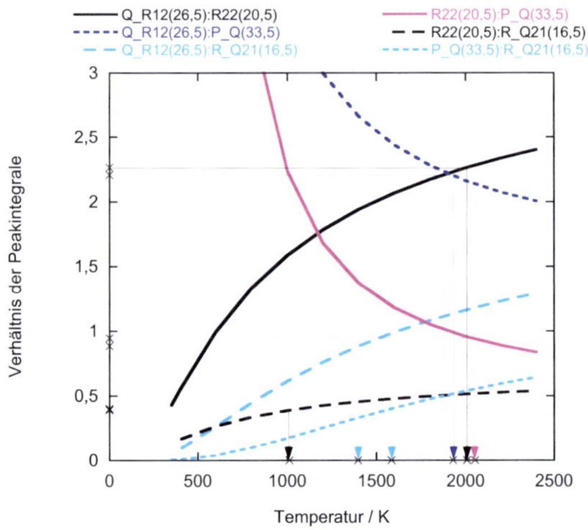

Abbildung 6.14: *Auswertung mittels Peakflächenverhältnis*

Mittels LIFSim können in Abhängigkeit von der Temperatur Spektren für die entsprechende Flamme simuliert werden. Aus diesen wird das Peakflächenverhältnis der untersuchten Linienpaare als Funktion der Temperatur bestimmt. Es ergeben sich Kurven für den Verlauf der Peakflächenverhältnisse der jeweiligen Flamme, wie sie für die untersuchten Linienpaare in Abbildung 6.14 aufgetragen sind. Mit Hilfe dieser Kurven ist es möglich, jedem gemessenen Peakflächenverhältnis eine Temperatur zuzuordnen.

Das Ergebnis der Auswertung der in Abbildung 6.14 dargestellten Messung ist in Tabelle 6.1 zusammengefasst.

Die aus den Verhältnissen der Peakflächen ermittelten Temperaturen schwanken sehr stark und liegen innerhalb dieser beispielhaften Messung um bis zu 1000 K auseinander. Dies ist kein Einzelfall, sondern zeigt sich auch bei anderen Höhen und anderen Flammen. Die Streuung der Ergebnisse ist bei dieser Methode extrem groß. Auch eine Mittelung der so erhaltenen Temperaturwerte führt zu keiner Verbesserung des Ergebnisses. Weiterhin ist es nicht möglich, reproduzierbare Ergebnisse zu erreichen. Für die NO-Konzentration ergibt sich das gleiche Bild. Sie variiert um den Faktor drei.

Linienpaar		Temperatur / K	NO-Konzentration / ppm
${}^{Q}R_{12}(26,5)$	$R_{22}(20,5)$	2007,4	3664
${}^{Q}R_{12}(26,5)$	${}^{P}Q_{12}(33,5)$	1929,3	3413
${}^{Q}R_{12}(26,5)$	${}^{R}Q_{21}(16,5)$	1397,5	2008
$R_{22}(20,5)$	${}^{P}Q_{12}(33,5)$	2052,5	3302
$R_{22}(20,5)$	${}^{R}Q_{21}(16,5)$	1011,9	1145
${}^{P}Q_{12}(33,5)$	${}^{R}Q_{21}(16,5)$	1584,1	2527

Tabelle 6.1: *Ergebnisse der Auswertung mittels Peakflächenverhältnis*

Das gezeigte Beispiel macht deutlich, dass es notwendig ist, eine andere Art der Auswertung der Messdaten zu entwickeln, die nicht auf der Bestimmung der Peakflächenintegrale beruht. Als sehr gut geeignet hat sich die in Kapitel 3.3.4 beschriebene Auswertung mit Hilfe der Simulation der Absorptionsspektren und Parameteranpassung nach der Methode der kleinsten Quadrate erwiesen. Alle im Folgenden gezeigten Ergebnisse beruhen auf dieser Methode. Es wird nach der Methode der kleinsten Quadrate in einem Algorithmus dasjenige Spektrum gesucht, das am besten mit dem gemessenen übereinstimmt. Dieses beste Spektrum gibt gleichzeitig die Temperatur der Flamme und die NO-Konzentration an.

Abbildung 6.15 zeigt das gemessene Spektrum, auf dem die in Abbildung 6.14 dargestellte Auswertung basiert. Zusätzlich ist das nach der Methode der kleinsten Fehler gefundene simulierte Spektrum aufgetragen. Deutlich zeigt sich die sehr gute Übereinstimmung der beiden Spektren für alle gemessenen Linien. Das simulierte Spektrum mit der optimalen Übereinstimmung nach der Methode der kleinsten Quadrate ergibt eine Temperatur von 1490 K und eine NO-Konzentration von 2219 ppm für diese Flamme in der untersuchten Höhe.

Die eindeutige Zuordnung eines simulierten Spektrums ist möglich, da einerseits die Intensitätsverhältnisse der Linien zueinander und andererseits die Höhe der Linien selbst sowohl Temperatur, als auch Konzentration und somit auch das Spektrum exakt definieren. Eine andere Temperatur würde das Verhältnis der Linienintensitäten zueinander verändern und so die Übereinstimmung des gemessenen Spektrums mit dem simulierten Spektrum verschlechtern. Eine andere NO-Konzentration würde die Gesamthöhe des Spektrums verändern. Auch hier würde sich bei Annahme einer anderen NO-Konzentration der Fehler vergrößern.

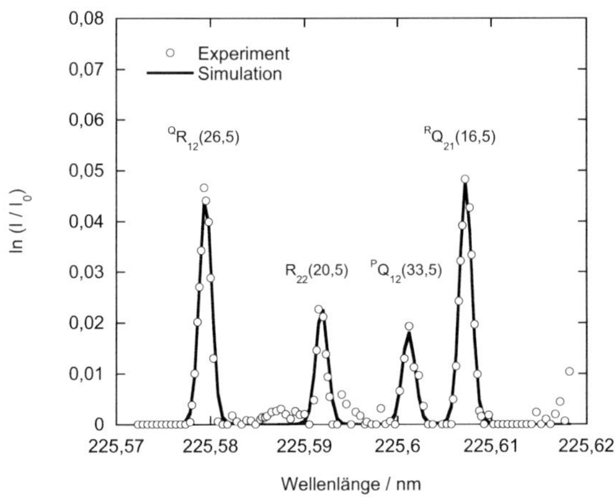

Abbildung 6.15: *Auswertung mittels gefitteter Simulation*

Dazu kommt, dass hier nicht nur die integrale Fläche der Peaks betrachtet werden. Die Lage und Breite der Absorptionslinien wirkt sich bei der Suche des optimal übereinstimmenden Spektrums zusätzlich positiv auf das Ergebnis aus und erhöht die Genauigkeit. Je mehr Peaks im Spektrum enthalten sind, desto präziser ist die Auswertung. Der Fehler, der zu minimieren ist, reagiert umso sensitiver auf Änderungen, je mehr auswertungsrelevantes Signal zur Verfügung steht, also je detaillierter die Informationen über das Spektrum sind.

Der Vergleich der Temperatur, die mittels Optimierung über die Methode der kleinsten Quadrate bestimmt ist (1490 K), mit den Temperaturen, die sich aus der Auswertung der Peakintegrale, bzw. deren Verhältnisse in Abbildung 6.14 ergeben (Tabelle 6.1), zeigt, dass keines der ermittelten Peakflächenverhältnisse diese Temperatur als Ergebnis hat. Vier der sechs ermittelten Temperaturwerte weichen um etwa 500 K von dieser Temperatur ab. Lediglich bei zwei Linienpaaren ergibt sich eine Temperatur, die näherungsweise mit der übereinstimmt, die mit der Methode der kleinsten Quadrate bestimmt wurde. Analog sind bei den Linienpaaren, bei denen die Temperatur nahe an der Temperatur des gefitteten Spektrums liegt, auch die NO-Konzentrationen noch relativ nahe bei der Konzentration des gefitteten Spektrums. Die übrigen Konzentrationen weichen um bis zu 50 % davon ab.

Um zu zeigen, wie signifikant sich die Temperatur auf das Absorptionsspektrum auswirkt, sind in Abbildung 6.16 die gemessenen Spektren in einer rußenden Flamme bei verschiedenen Höhen dargestellt. In der Gegenüberstellung wird deutlich, wie stark sich die Änderung der Peakhöhen relativ zueinander aufgrund der differierenden Temperatur im Spektrum zeigt. Die Änderung der Gesamtintensität des Spektrums ist in diesem Fall allerdings nicht auf die Konzentration zurückzuführen, sondern resultiert alleine aus der geänderten Temperatur, wie die Ergebnisse für Temperatur und Konzentration aus der Simulation zeigen. Die Temperatur steigt von 1157 K bei 2,5 mm Höhe auf 1970 K bei 5 mm Höhe. Die Konzentration von NO verändert sich aber kaum. Die geringere Linienintensität des Absorptionsspektrums bei 5 mm über dem Brenner hängt auch nicht mit der hier auftretenden zusätzlichen Extinktion durch den vorhandenen Ruß zusammen. Signalunterschiede zwischen I_0 und I aufgrund der Extinktion von Ruß werden, wie auch Intensitätsschwankungen des Lasers, bei der Auswertung eliminiert.

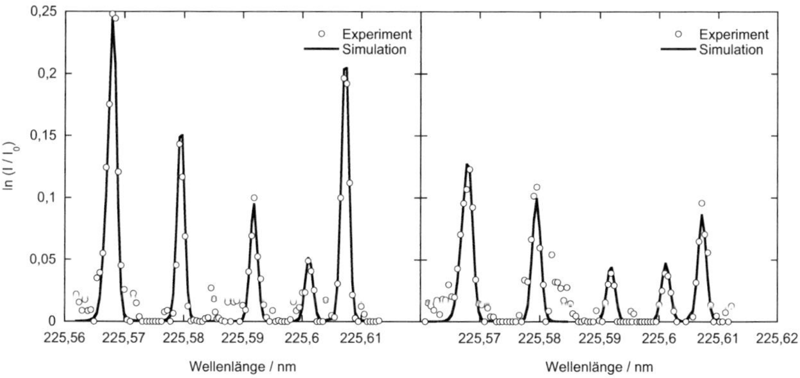

Abbildung 6.16: *Absorptionsspektren mit Ruß bei verschiedenen Höhen über dem Brenner*
links: h=2,5 mm bei 1157 K, 2014 ppm NO
rechts: h=5 mm bei 1970 K, 2530 ppm NO

Die gezeigten Spektren liegen in einer Höhe über dem Brenner, in dem noch kein Ruß bzw. sehr wenig Ruß vorhanden ist, und sind daher relativ ungestört. Mit zunehmender Rußkonzentration steigt die Überlagerung der Absorptionsspektren durch Ruß-Extinktion und andere störenden Effekte immer weiter an. Werden die überlagernden Effekte zu groß, so ist keine sinnvolle Auswertung der Absorptionsspektren mehr möglich. Durch die Verbesserung des optischen Aufbaus (Verlängerung der Absorptionsstrecke) ist eine Messung der Temperatur und NO-Konzentration bis zu einer Höhe von 7 mm möglich. Im Fall der nicht rußenden Flamme ist das Problem der Überlagerung des Absorptionsspektrums weitaus geringer. Hier ist eine Messung bis in eine Höhe von 10 mm möglich. Der Messbereich ist nach unten durch die Dicke der Schutzrohre begrenzt. Die minimale Messhöhe ist dann erreicht, wenn die Schutzrohre auf der Brennermatrix aufliegen. Bei der Diskussion der Ergebnisse der Messergebnisse wird sich zeigen, dass der durch die beschriebenen Randbedingungen limitierte Messbereich ausreichend ist für die Untersuchung der Ruß-Stickoxid-Wechselwirkungen. Nur in diesem Bereich der Flamme liegen sowohl Stickstoffmonoxid, als auch Ruß in für die Messungen relevanter Konzentration vor.

Diese Gegenüberstellung beider Auswertemethoden soll verdeutlichen, dass die Auswertung der Absorptionsspektren mittels Bestimmung der Peakflächenverhältnisse selbst mit vier aufgenommenen Linien bei den hier dargestellten Messungen nicht für die Ermittlung einer Flammentemperatur geeignet ist. Ungenauigkeiten sind vor allem in der Bestimmung der Peakintegrale und der Eliminierung von Störungen im Spektrum zu sehen. Demgegenüber zeigt die Anpassung der gefitteten simulierten Spektren sinnvolle Ergebnisse und liefert zuverlässige Aussagen über die dem Spektrum entsprechenden Charakteristika der Flamme.

6.3.1 Temperatur und NO-Molenbruch bei nicht rußender Flamme

Werden Absorptionsmessungen bei einer Flamme in verschiedenen Höhen über dem Brenner in der in Kapitel 4.5 beschriebenen Weise durchgeführt, so ist es möglich, aus den Ergebnissen ein Temperaturprofil und ein Profil der NO-Konzentration über der Höhe über der Brenneroberfläche zu erstellen. Die gemessenen Profile können nur einen Teilbereich der Flamme abdecken, da, wie im vorangegangenen Abschnitt beschrieben, die Messungen nur in einem limitierten Bereich in der Flamme durchgeführt werden können.

Zusätzlich zu den Ergebnissen der Absorptionsmessungen werden auch hier die Resultate der Simulation der Flamme mit Hilfe von SOFOKLES diskutiert. Sie sind neben den experimentellen Ergebnissen, die als Punkte aufgetragen sind, als Kurven in den folgenden Abbildungen dargestellt.

Temperatur

Abbildung 6.17 zeigt die gemessenen Temperaturen der nicht rußenden Flamme 1D120 für eine Höhe von 3 bis 10 mm über dem Brenner. Die simulierte Temperatur liegt für die gesamte Flamme vor.

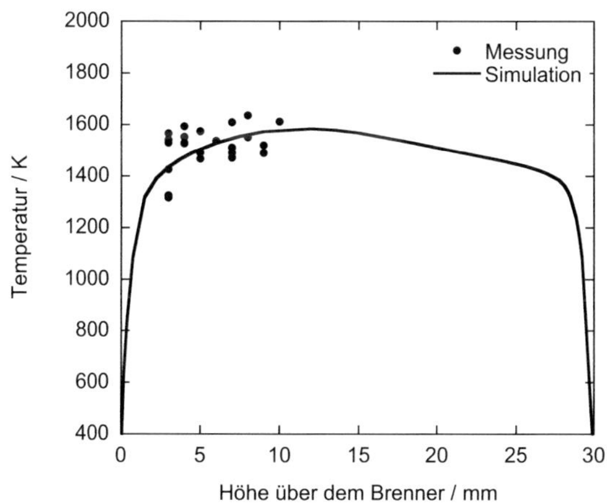

Abbildung 6.17: *Temperatur aus Absorptionsmessung und Simulation, Flamme 1D120 ohne Ruß, NO am unteren Brenner zudosiert*

Die grundlegende Struktur einer vorgemischten Flamme führt zu einem typischen Verlauf in der Temperatur. Die unverbrannten vorgemischten Gase heizen sich in der Vorwärmzone auf. Hier laufen schon einige wenige chemische Reaktionen ab, die Zusammensetzung des Gasgemischs beginnt sich zu ändern. Die Temperaturerhöhung in diesem Bereich ist nicht auf exotherme Reaktionen zurückzuführen, sondern nur auf Wärmeleitung. Nach dem Zündpunkt findet sich die leuchtende Reaktionszone, die durch deutlich höhere Temperaturen gekennzeichnet ist. Hier ist der größte Anteil der chemischen Reaktionen zu finden und die Energiefreisetzung ist hoch. Bei Unterdruckflammen ist der untere Bereich der relativ dicken Reaktionszone durch ein eher grünes Leuchten gekennzeichnet, das von C_2-Swan-Banden her rührt. Darüber ist das Leuchten mehr blauviolett, hervorgerufen von CH-Emission. In der Nachbrennzone ändert sich die

Flammentemperatur nur noch geringfügig, die Gase nähern sich einem Gleichgewichtszustand an und die Anzahl der chemischen Reaktionen sinkt [93, 94].

Dieser Verlauf findet sich auch bei den hier untersuchten Flammen wieder. Die Temperatur steigt, ausgehend von der Temperatur des kalten Frischgases am Brenneraustritt - was einer Höhe von 0 mm entspricht - sehr schnell an und erreicht bei einer Höhe von 5 mm ein Bereich mit geringer Steigung, in dem die Temperatur bis zur Stauebene nur noch wenig zunimmt. Das Maximum der Temperatur liegt im Bereich der Stauebene. Zum oberen Brenner hin fällt die Temperatur dann wieder leicht ab. Bei einer Höhe von 27 mm über dem unteren Brenner, was 3 mm unter dem oberen Brenner entspricht, fällt die Temperatur dann sehr stark ab, bis zur Gaseintrittstemperatur des Frischgases am oberen Brenner (h = 30 mm). Dieser Verlauf ergibt sich aus der Simulation der Gegenstromflamme. Die schnellen Temperaturanstiege stehen im Zusammenhang mit den blau leuchtenden Reaktionszonen, die sowohl am unteren, als auch am oberen Brenner vorliegen. Die Reaktionszone schließt sich an die Vorwärmzone der Flamme an und ist durch einen sehr steilen, exponentiellen Temperaturanstieg gekennzeichnet. In der Reaktionszone dominieren exotherme Reaktionen, die die Flammentemperatur schnell erhöhen. Der Beginn der Reaktionszone wird bestimmt von der Dicke der Vorwärmzone, welche von der Brenngeschwindigkeit und vom Druck des Systems abhängig ist [94].

Die gemessenen Temperaturen liegen oberhalb des Bereichs des größten Temperaturgradienten, da eine Messung unterhalb einer Höhe von 3 mm konstruktionsbedingt nicht möglich ist und die Reaktionszone bei dieser Flamme sehr dicht über der Brenneroberfläche liegt. Im Bereich der Nachbrennzone können die Temperaturen gemessen werden. Mit zunehmender Höhe über dem Brenner ist ein leichter Anstieg zu beobachten.

Der Vergleich der gemessenen Temperaturen mit der Simulation verdeutlicht die sehr gute Übereinstimmung der Simulation mit den experimentellen Daten. Diese Messergebnisse bestätigen SOFOKLES im Fall einer rußfreien Flamme, was wichtig für die Güte der Simulation ist. Bei zusätzlich vorhandenem Ruß müssen noch deutlich mehr Reaktionen im Mechanismus berücksichtigt werden. Dies kann nur gelingen, wenn die rußfreie Simulation als Basis für diesen weiterführenden Schritt korrekt ist.

NO-Konzentration

Zusätzlich zu der Temperatur bietet die Absorptionsmessung auch die Möglichkeit, die Konzentration der absorbierenden Spezies, in diesem Fall NO, zu bestimmen. Abbildung 6.18 zeigt das zu der oben beschriebenen Flamme dazugehörige Konzentrationsprofil von NO. Die Messwerte sind, wie bei der Temperatur, dem Ergebnis der Simulation der Flamme mittels SOFOKLES gegenübergestellt.

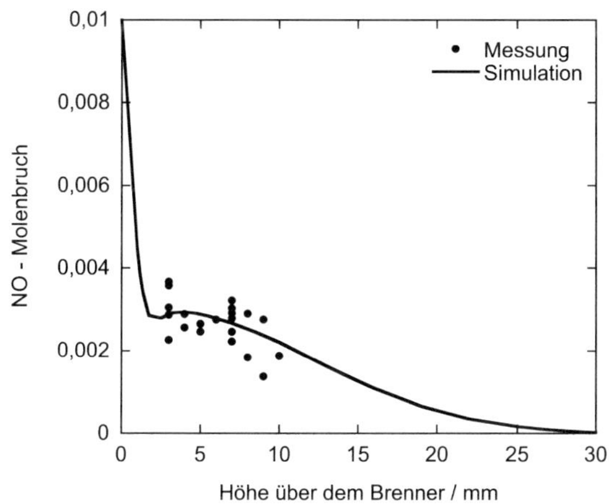

Abbildung 6.18: *NO-Molenbruch aus Absorptionsmessung und Simulation, Flamme 1D120 ohne Ruß, NO am unteren Brenner zudosiert*

Der Verlauf der gemessenen NO-Molenbrüche wird sehr gut vom Modell wiedergegeben. In beiden Fällen findet sich ein sehr starker Abfall der Konzentration bei kleinen Höhen über dem Brenner. Bei einer Höhe von 3 mm sind bei den Messungen Konzentrationen bis zu 3600 ppm zu finden. Bei 4 mm ist der Wert schon auf 3000 ppm abgefallen. Danach nimmt die Konzentration bis hin zu 2000 ppm bei 10 mm nur noch wenig ab. Nach einem starken Abfall der NO-Konzentration in der Reaktionszone ändert sich in der Nachbrennzone in einem relativ breiten Bereich die NO-Konzentration nur wenig. Sie bleibt auf einem vergleichbar hohen Niveau recht konstant.

Die Simulation zeigt dann einen weiteren Abfall der Konzentration von NO zur Stauebene hin. Geringe Mengen von NO finden sich auch oberhalb der Stauebene, die Konzentration fällt erst am oberen Brenner auf Null. Es kommt also zu einem Austausch über die Stauebene hinweg und gegen den Gasstrom. Der Hauptanteil der NO-Reaktionen ist allerdings in und direkt über der Reaktionszone des unteren Brenners zu finden. Dies wird deutlich, wenn die Konzentrationsverläufe der Reaktionsprodukte mit Stickstoffbeteiligung herangezogen werden (vgl. Abbildung 6.19). Zwischenprodukte des Stickoxidabbaus liegen nur bis zu einer Höhe von etwa 5 mm in signifikanter Konzentration vor. Hier laufen also sehr viele Abbaureaktionen ab. Der anschließende langsame Abfall der NO-Konzentration kann nicht mehr über die Reaktionskanäle des Fenimore-Mechanismus (vgl. Kapitel 2.2) begründet werden. Hier sind die gezeigten Zwischenprodukte nur noch in vernachlässigbarer Konzentration zu finden. Betrachtet man für den Bereich über 5 mm über dem unteren Brenner die Konzentrationen der im Mechanismus berücksichtigten Spezies, so findet man relevante Stoffkonzentrationen nur noch bei N_2 und dem Sauerstoff-Radikal, was in Abbildung 6.19 dargestellt ist. Dies deutet darauf hin, dass ab einer Höhe von etwa 5 mm über dem unteren Brenner die Reaktionen des thermischen NOs bzw. Zeldovich-NOs dominieren. In diesem Bereich ist die Temperatur der Flamme hoch genug, um ein Aufbrechen der Dreifachbindung des Stickstoff zu ermöglichen. Der langsame Abfall der Konzentrationen steht in Einklang mit den langen Reaktionszeiten dieses Mechanismus (vgl. Kapitel 2.2).

6.3.2 Temperatur und NO-Molenbruch bei rußender Flamme

Das Ergebnis der Absorptionsmessung bei der rußenden Flamme liefert ein anderes Bild (Abbildung 6.20). Der Verlauf der Temperatur und der NO-Konzentration unterscheidet sich deutlich von dem der rußfreien Messung.

Analog zur rußfreien Flamme werden auch hier die Messwerte zusammen mit den Ergebnissen der Simulationsrechnung mit SOFOKLES dargestellt, da die Simulation Daten über einen weiteren Bereich liefert und den Zusammenhang in der gesamten Flamme besser beschreibt. SOFOKLES berechnet die Flammentemperatur durch Lösen der Energieerhaltungsgleichung unter Berücksichtigung der Rußstrahlung. Dadurch werden die chemischen Rückkopplungen und der Strahlungseinfluss der Rußteilchen auf die Temperatur berücksichtigt.

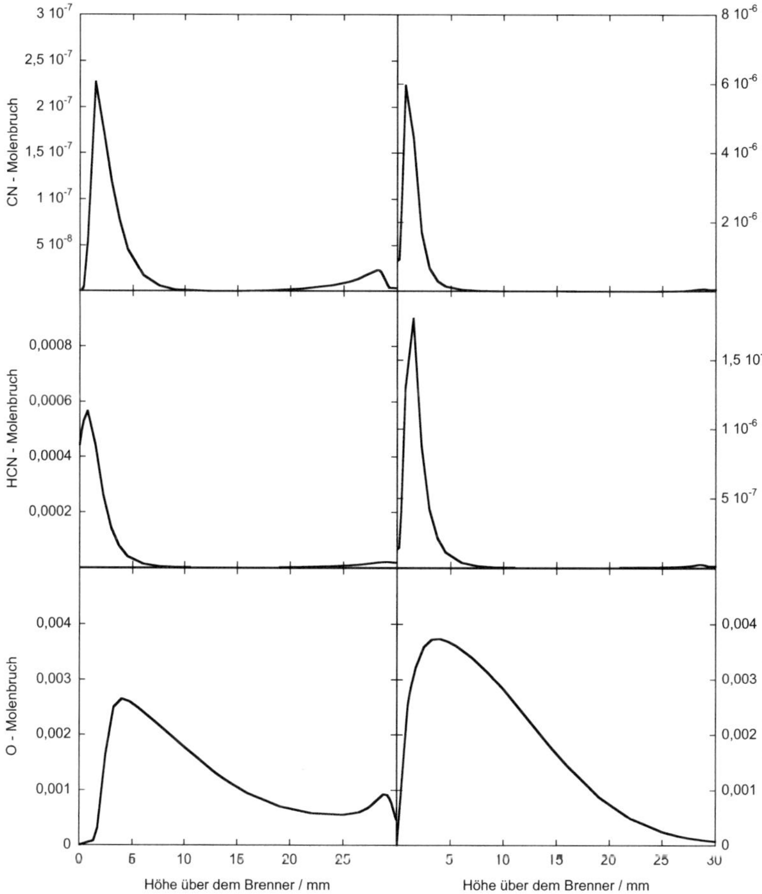

Abbildung 6.19: *Konzentrationen von Produkten des NO-Abbaus aus der Simulation, Flamme 1D120 ohne Ruß, NO am unteren Brenner zudosiert*

Temperatur

Im Fall der rußenden Flamme kann ein auswertbares Absorptionsspektrum nur bis zu einer Höhe von 7 mm gemessen werden. Dies liegt vor allem am störenden Einfluss des Rußes, der das Spektrum zunehmend überlagert. Im Vergleich zu der zuerst diskutierten rußfreien Flamme ist hier nur ein deutlich kleinerer

Messbereich möglich. Die Signale bei größeren Höhen sind für eine sinnvolle Auswertung zu stark verrauscht und nicht mehr separierbar.

Abbildung 6.20 bildet die Temperatur der rußenden Flamme 1D120 ab, bei der NO am unteren Brenner zugemischt wird. Die gemessene Temperatur bei 2,5 mm Höhe über dem Brenner beträgt etwa 1200 K. Die Flamme ist knapp über dem Brenner deutlich kälter, als im Fall der nicht rußenden Flamme (vgl. Abbildung 6.17), bei der die Temperatur in dieser Höhe schon etwa 1400 K beträgt. Der anschließende Anstieg der Temperatur hat sein Maximum etwa bei 4 mm mit 1900 K. Dahinter fällt die Temperatur wieder ab und liegt in der Nachbrennzone bei etwa 1700 K. Die Temperaturen liegen nach einem anfangs langsameren Anstieg also deutlich höher, als bei der nicht rußenden Flamme.

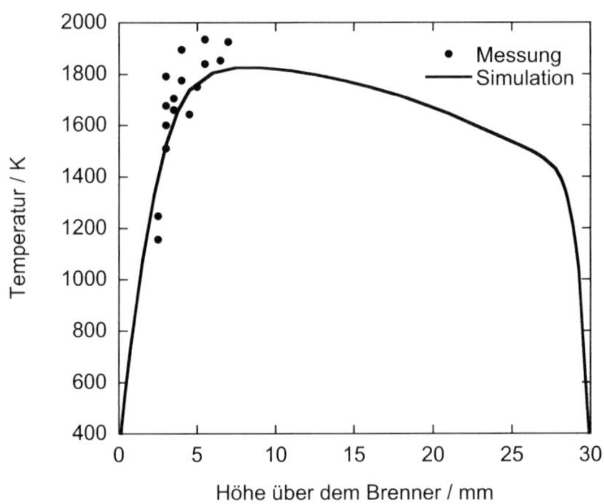

Abbildung 6.20: *Temperatur aus Absorptionsmessung und Simulation, Flamme 1D120 mit Ruß, NO am unteren Brenner zudosiert*

Die visuelle Betrachtung der Flammen 1D120 mit und ohne Ruß zeigt, dass die blau-violett leuchtende Reaktionszone bei der nicht rußenden Flamme näher an der Brenneroberfläche liegt, als bei der fetteren, rußenden Flamme. Dies spiegelt sich auch im langsameren Temperaturanstieg bei kleiner Höhe über dem Brenner wider. Allgemein kann beobachtet werden, dass die Dicke der Vorwärmzone und die Dicke der Reaktionszone abhängig von der Brenngeschwindigkeit sind und diese wiederum abhängig von der Zusammensetzung der Flamme ist. Für stöchiometrische Mischungen ist die Vorwärmzone und die Reaktionszone verhältnismäßig dünn. Verschiebt sich die Zusammensetzung der Flamme hin zu einem fetteren oder magereren Gemisch, so fällt die Brenngeschwindigkeit und sowohl die Dicke der Vorwärmzone, als auch die Dicke der Reaktionszone, nehmen deutlich zu [94].

Bei der rußenden Flamme ist anhand des dargestellten Temperaturverlaufs die Reaktionszone der Flamme bei einer Höhe von etwa 4 – 5 mm über dem Brenner zu finden, also im Bereich der maximalen Temperatur. Bei der nicht rußenden Flamme aus Abbildung 6.17 ist bei der kleinsten untersuchbaren Höhe von 3 mm über dem Brenner schon ein flacher Kurvenabschnitt mit geringer Wärmefreisetzung erreicht. Dies deutet darauf hin, dass hier die Reaktionszone tiefer als 3 mm liegt, was auch von den Konzentrationsmessungen bestätigt wird.

Oberhalb der Reaktionszone kommt es bei der fetten Flamme zur Rußbildung, erkennbar am gelben Leuchten der Flamme. Bis zur Reaktionszone weisen die Spektren keine Störungen auf, die auf das Vorhandensein von Ruß zurückzuführen wären (vgl. Abbildung 6.16). Mit zunehmender Höhe werden die Störungen dann immer stärker. Mit vermehrter Rußbildung und damit zunehmender Rußmenge in der Flamme machen diese Störungen eine Absorptionsmessung ab 7 mm über dem Brenner unmöglich.

Das im gleichen Bild dargestellte Profil der Flammentemperatur aus der Simulation mit SOFOKLES zeigt einen ähnlichen Verlauf, wie die Temperatur im nicht rußenden Fall. Ein signifikanter Unterschied ist, dass die Temperatur bei etwa 5 bis 10 mm deutlich über den Werten der rußfreien Flamme liegt und der Anstieg bis zu diesem Wert flacher verläuft. Das Temperaturmaximum liegt etwa 5 mm über dem unteren Brenner. Danach nimmt die Temperatur in Richtung Stauebene ab. Über der Stauebene dominiert die magere Gegenstromflamme mit noch niedrigeren Temperaturen. Mit zunehmender Höhe fällt die Flammentemperatur weiter ab, bis sie in der Reaktionszone der entgegenströmenden mageren Flamme annähernd identisch mit der Temperatur der rußfreien Flamme aus Abbildung 6.17 ist.

Der Anstieg der Temperatur über dem unteren Brenner und das anschließende Temperaturmaximum, wie sie die Simulation zeigt, werden von den Messungen in der gleichen Art wiedergegeben. Die Ergebnisse von Simulation und Messung stimmen auch hier sehr gut überein. Auch der Abfall der Temperatur nach dem Maximum wird von den letzten möglichen Messungen noch angedeutet.

Die Temperaturmessungen mittels Zwei-Farben-Pyrometrie (vgl. Kapitel 6.2) haben ebenfalls die Simulationsergebnisse gut bestätigt, wenngleich dort die gemessene Temperatur geringfügig höher ist, als die aus der Simulation der Flamme bestimmte. Es liegen also zwei voneinander völlig unabhängige Messverfahren vor, die beide die Ergebnisse der Simulationsrechnungen mit SOFOKLES gut bestätigen.

Darüber hinaus bietet sich die Möglichkeit, die Ergebnisse der beiden Messverfahren einander gegenüberzustellen. Ein Vergleich der gemessenen Temperaturen mittels Pyrometrie- und Absorptionsverfahren (Abbildung 6.21) zeigt, dass die Ergebnisse sehr gut aneinander anzufügen sind und sich ein stetiger Temperaturverlauf ergibt. Die Ergebnisse sind also trotz der sehr unterschiedlichen Messverfahren konsistent, was ein weiterer Beleg für die Qualität der Messergebnisse ist. Die gute Übereinstimmung der Emissions-und Absorptionsmessungen steht des Weiteren auch in Einklang mit der von GAYDON ET AL. [94] beschriebenen Erkenntnis, dass der Temperaturunterschied zwischen Gas und Partikeln in Flammen als vernachlässigbar klein angesehen werden kann.

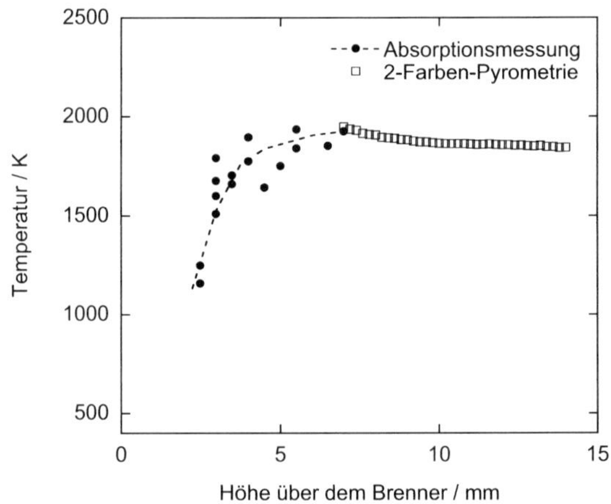

Abbildung 6.21: *Gemessene Temperaturen aus Zwei-Farben-Pyrometrie und Absorption, Flamme 1D120 mit Ruß, NO am unteren Brenner zudosiert*

NO-Konzentration

Ebenso wie der Verlauf der Temperatur unterscheidet sich auch der Abbau des NOs in der rußenden Flamme deutlich von der mageren nicht rußenden Flamme. Der Verlauf der NO-Konzentration über der Höhe über dem Brenner soll im Vergleich zu den vorher diskutierten Verhältnissen nähere Aussagen über NO-Ruß-Reaktionen ermöglichen.

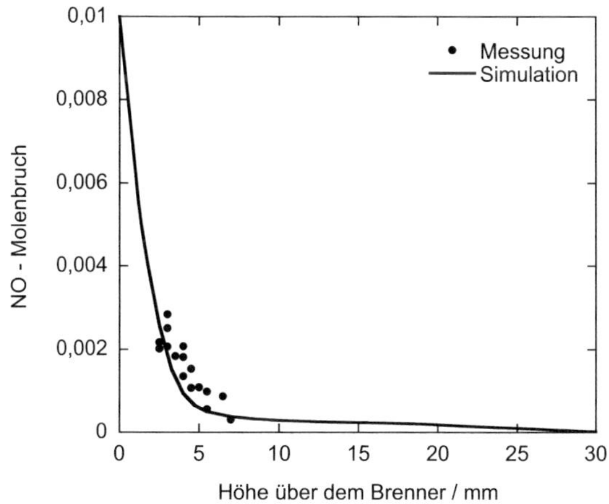

Abbildung 6.22: *NO-Molenbruch aus Absorptionsmessung und Simulation, Flamme 1D120 mit Ruß, NO am unteren Brenner zudosiert*

Augenscheinlich ist bei der NO-Konzentration in Abbildung 6.22 ein analog zur Temperatur verzögerter Abbau des NOs in der Flamme, verglichen mit dem Konzentrationsverlauf der nicht rußenden Flamme in Abbildung 6.18. Die tiefer liegende Reaktionszone bei der nicht rußenden Flamme verursacht einen schnelleren Abfall der NO-Konzentration. Darüber hinaus kommt es bei der rußenden Flamme nicht zu einem Stillstand des NO-Abbaus, der sich bei der mageren Flamme in einem Konzentrationsplateau äußert. Hier fällt die Stickoxidkonzentration stetig ab und ist bei etwa 10 mm über dem Brenner fast auf Null gesunken. Bis hin zum oberen Brenner liegt nur noch eine sehr geringe Menge an NO vor. Diese Aussagen ermöglicht die Simulation der Flamme mit SOFOKLES.

Die Messungen liefern wieder nur einen Ausschnitt aus dem Konzentrationsverlauf, der hier aber die Zone der großen Gradienten erfasst. Die Messergebnisse sind wieder sehr gut in Deckung mit der Simulation. Hier stimmen sowohl Absolutwerte, als auch Verlauf überein. Der starke Abfall und der anschließende flache Auslauf der NO-Konzentration werden sehr exakt erfasst.

Schon bei der geringen Höhe von 3 mm, was aus den Temperaturmessungen resultierend der untere Bereich der Reaktionszone darstellt, sind nur noch etwa 3000 ppm NO zu finden. Mit zunehmender Höhe fällt die Konzentration weiter ab, bei 6 mm über dem Brenner liegt sie bei 600 ppm. Hier hat die Flamme ihr Temperaturmaximum erreicht und das zugemischte NO ist annähernd vollständig umgesetzt. Die Hauptreaktionen des NOs finden also in der Vorwärmzone bzw. im unteren Bereich der Reaktionszone statt. Bei der rußfreien Flamme liegt in dieser Höhe noch eine NO-Konzentration von 3000 ppm vor und die weitere Verringerung der Konzentration erfolgt nur langsam. Diese Höhe entspricht bei der nicht rußenden Flamme auch nicht mehr der Reaktionszone, sondern der Nachbrennzone.

Es ist also festzustellen, dass bei der rußenden Flamme, deren Sauerstoffanteil im vorgemischten Gas weitaus geringer ist, als im Fall der nicht rußenden Flamme, dem NO weniger Oxidationsmittel zur Weiterreaktion zu NO_2 zur Verfügung steht. Die rußende Flamme zieht kleinere NO-Konzentrationen nach sich, als die magere, rußfreie Flamme. Dies deutet darauf hin, dass der Sauerstoffüberschuss den Abbau des NO vermindert. Die fette Flamme bietet hingegen einen Mangel an Oxidationsmittel, das NO kann oxidierend reagieren.

Stickstoffmonoxid ist instabil und reagiert schnell zu NO_2 weiter. Infolgedessen ist es interessant, die Sauerstoffkonzentrationen bei unterschiedlichem C/O-Verhältnis zu betrachten. SCHÄFER [66] stellt in seiner Arbeit den gemessenen O_2-Molenbruch als Funktion der Höhe dar (vgl. Abbildung 6.23), allerdings nur in der Flamme 2D120, die sich von der hier gemessenen Flamme 1D120 durch ein abweichendes C/O-Verhältnis von 1,25 statt 1,2 unterscheidet. Zur tendenziellen Betrachtung spielt dies aber keine Rolle. Der O_2-Molenbruch liegt auf der Seite der rußenden Flamme bei 3 mm noch etwa um das 10-fache höher, als bei gleichem Brennerabstand im nicht rußenden Fall, trotz weitaus höherer Ausgangskonzentration an O_2 im vorgemischten Gas bei der rußenden Flamme. Der höhere Anteil an O_2 im rußenden Fall ist eine möglich Erklärung für die geringere NO-Konzentration bei kleinen Höhen bei dieser Flamme.

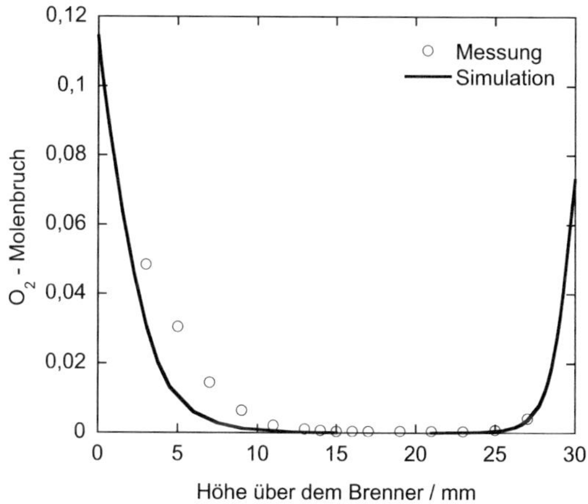

Abbildung 6.23: *O_2-Molenbruch von Schäfer [66] und Simulation, Flamme 2D120 mit Ruß, ohne NO*

Da der größte Anteil des zugemischten NOs vor bzw. in der Reaktionszone verbraucht wird, werden mögliche Oxidationsreaktionen durch NO am ehesten im Bereich der Partikelneubildung und der Koagulation stattfinden. Diese Bereiche bieten dem NO auch weitaus bessere Reaktionsbedingungen, als die Zone mit wenigen, großen Rußpartikeln.

Welche Reaktionen kennzeichnend für Stickstoffmonoxid sind, kann nur anhand einer detaillierten Betrachtung der Zwischenprodukte bzw. mittels Variation der Flammenbedingungen genauer herausgefunden werden. Dies experimentell zu realisieren, wäre mit einem sehr großen Aufwand verbunden, da die quantitative Messung von Zwischenprodukten der Verbrennung sehr schwierig ist und komplizierte Messverfahren erfordert. Die starken Störungen in der Flamme, etwa durch die Rußstahlung bzw. -streuung, machen vor allem die Detektion von Verbindungen, die nur in sehr geringen Konzentrationen vorliegen, extrem aufwändig bis unmöglich. Einfacher ist es, verschiedene Flammenbedingungen mittels eines Modells durchzuspielen und die Auswirkungen auf z.B. Spezieskonzentrationen zu untersuchen. Mit SOFOKLES steht ein Modell zur Verfügung, das dies für die hier zu untersuchenden Flammen ermöglicht. In diesem Kapitel kann anhand einer Vielzahl von Messungen, die sich auch auf verschiedene Methoden stützen und damit auch mehrere Flammenparameter widerspiegeln, gezeigt werden, dass SOFOKLES sehr gut geeignet ist, diese Flammen mathematisch zu beschreiben und Simulationsergebnisse zu liefern. Auch in kritischen Bereichen der Flamme, etwa mit großen Gradienten in der Temperatur und Konzentration, zeigt sich eine außerordentlich gute Übereinstimmung von Messung und Simulation. Auf dieser Basis können die Flammen im folgenden Kapitel anhand der Simulationsergebnisse weiter untersucht werden.

6.4 Untersuchung der NO-Reaktionen mit Hilfe der Modellierung

Bei der Untersuchung der rußenden Gegenstromflammen kann festgestellt werden, dass die Zumischung von NO einerseits mit einer Abnahme der gemessenen Rußvolumenbrüche und andererseits mit einer Erhöhung der Flammentemperatur einhergeht, unabhängig davon, an welchem Brenner NO zugemischt wird. Die Größe der hervorgerufenen Änderung ist jedoch vom Ort der Zumischung abhängig. Die Auswirkungen von Stickstoffmonoxid auf die Acetylen-Sauerstoffflamme sollen im Folgenden näher untersucht werden. Ziel ist es, herauszufinden, worauf die Änderungen der Flammeneigenschaften durch Zugabe von NO basieren. Auch die Unterschiede, die sich durch die Änderung des Ortes der Zumischung ergeben, sollen näher beleuchtet werden.

Neben der NO-Ruß-Wechselwirkung gibt es noch eine Reihe weiterer Effekte, die die Rußkonzentration der Flamme beeinflussen können. So könnte auch die durch die Zugabe von NO erhöhte Temperatur der Flamme ein Grund für die geänderte Rußkonzentration sein, da eine höhere Flammentemperatur eine bessere Oxidation der Rußvorläufer und damit weniger Ruß bedeutet. Dann würde das NO durch die von ihm induzierten Reaktionen zwar die Flamme bezüglich ihrer Temperatur beeinflussen, was schließlich auch zu einer Rußabnahme führt, aber diese Rußabnahme würde in diesem Fall nicht auf den NO-Ruß-Wechselwirkungen beruhen, sondern lediglich auf thermodynamischen Effekten.

Auch die Erhöhung der in der Flamme vorliegenden Gesamt-Sauerstoffkonzentration durch Zugabe von NO könnte die Rußkonzentration senken. Eine Verschiebung der Konzentrationen zu mehr Sauerstoff würde die Oxidation der Rußvorläufer begünstigen und ebenfalls geringere Rußkonzentrationen nach sich ziehen. In diesem Fall wäre es der Sauerstoff, der oxidativ mit dem Ruß reagiert, wiederum aber nicht die zu untersuchende NO-Ruß-Wechselwirkung, die die beobachteten Effekte hervorruft.

Dies zeigt, wie vielfältig die Ursachen für die vorher gemessenen und simulierten Auswirkungen von NO auf eine rußende Gegenstromflamme sein können. Durch gezielte Modellierung einzelner Effekte wird das Reaktionsverhalten von NO und Ruß näher untersucht.

Welche Auswirkung die Temperaturänderung alleine, ohne das NO, auf die Flamme hat, kann mit Hilfe der Simulation einer heißeren Flamme untersucht werden. Zu diesem Zweck wird der stickstofffreien Flamme das Temperaturprofil auferlegt, das für die Flamme mit NO berechnet wurde. Es wird also eine rußende Flamme simuliert, die unter Temperaturbedingungen brennt, wie sie für die NO-haltigen Flamme gefunden wurden. Eine mögliche Änderung der Rußvolumenbrüche unter diesen Bedingungen zieht den Schluss nach sich, dass sie alleine auf ein anderes Temperaturprofil und damit andere Reaktionsgeschwindigkeiten zurückzuführen ist. Der Temperatureffekt kann auf diese Weise separiert betrachtet werden, da stickstofffrei gerechnet wird und die NO-Ruß-Wechselwirkung im Modell deaktiviert ist.

Mit Hilfe von SOFOKLES kann auch die Auswirkung der erhöhten Sauerstoffkonzentration untersucht werden. Hier wird ebenfalls die stickstofffreie Flamme zur Modellierung herangezogen. Die zusätzliche Menge an Sauerstoff, die in der NO-haltigen Flamme infolge des zudosierten NOs vorliegt, wird über die erhöhte Spezieskonzentration von Sauerstoff berücksichtigt. Dies bewirkt eine Absenkung des C/O-Verhältnisses am Brenner, an dem das NO zudosiert würde. Mit zunehmendem Abstand von dem Brenner, an dem zugemischt wird, gleichen sich die C/O-Profile der Flamme ohne NO und mit NO, bzw. der entsprechend korrigierten Sauerstoffkonzentration wieder an. Die Auswertung des von SOFOKLES berechneten C/O-Verhältnisses der so veränderten Flamme, dargestellt in Abbildung 6.24, verdeutlicht dies.

Diese Änderung des C/O-Verhältnisses wird realisiert, indem die Sauerstoffkonzentration der Primärgase soweit erhöht wird, dass der gleiche Wert für das C/O-Verhältnis erreicht wird, wie er in der entsprechenden NO-haltigen Flamme vorliegt. Die NO Ruß-Wechselwirkungen sind im Modell deaktiviert. Da die Flamme NO-frei ist, werden auch alle anderen Reaktionen mit Stickstoffverbindungen ausgeschlossen, die sich auf die Thermodynamik auswirken könnten. Eine eventuell zu beobachtende Änderung der Rußvolumenbrüche ist in diesem Fall lediglich auf das zusätzlich zur Verfügung stehende Oxidationsmittel Sauerstoff zurückzuführen, nicht aber auf NO-Ruß-Reaktionen.

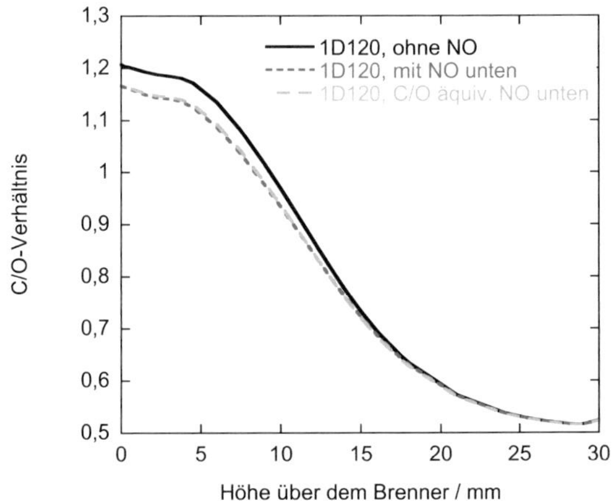

Abbildung 6.24: *C/O-Verhältnis ohne NO, mit NO und mit C/O-Äquivalent Flamme 1D120 mit Ruß, NO am unteren Brenner zudosiert*

Das folgende Kapitel beschreibt die Ergebnisse der Simulationen, die die möglichen Effekte von Stickstoffmonoxid in der Flamme weiter klären sollen.

6.4.1 Zumischung von NO am oberen Brenner

Die erste Untersuchung bezieht sich auf die Flamme 1D120 mit NO am oberen Brenner. Als erstes wird die Auswirkung der Flammentemperatur auf die Rußmenge in der Flamme näher betrachtet. Die Zugabe von NO am oberen Brenner senkt, wie in Kapitel 6.1.2.1 und Kapitel 6.1.3.1 gezeigt, den Rußvolumenbruch im Vergleich zur NO-freien Flamme ab. Gleichzeitig steigt die Flammentemperatur bei Zugabe von NO am oberen Brenner an (vgl. Kapitel 6.2.4 und Kapitel 6.2.5). Welchen Einfluss die Temperaturänderung auf die Rußmenge in der Flamme hat, soll mittels Simulation einer Flamme geklärt werden, deren Flammentemperatur erhöht ist, wie im Fall der NO-haltigen Flamme, die aber kein NO enthält. Abbildung 6.25 zeigt die Rußvolumenbruchverläufe, die sich aus der Simulation ergeben. Das Diagramm stellt die schon gezeigten Rußvolumenbrüche aus der Simulation ohne und mit NO dar. Zusätzlich sind die Ergebnisse für die stickstofffreie Simulation bei erhöhter Temperatur aufgetragen. Hier wird der simulierten Flamme ein Temperaturprofil aufgeprägt, das äquivalent demjenigen ist, das bei der Flamme mit NO am oberen Brenner erreicht wird.

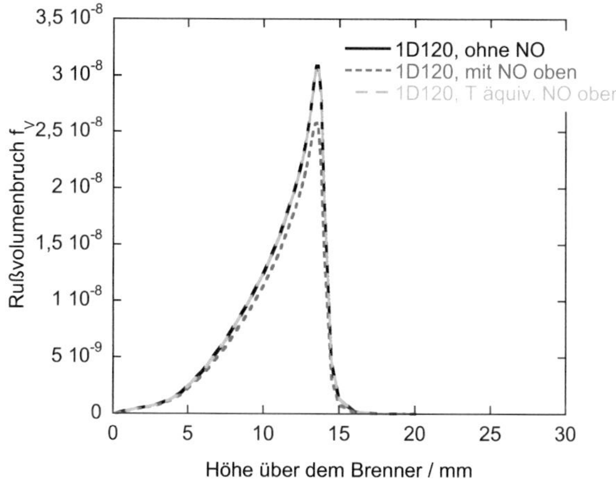

Abbildung 6.25: *Rußvolumenbrüche bei verschiedenen Temperaturen mit und ohne NO, Flamme 1D120 mit Ruß, NO am oberen Brenner zudosiert*

Die neue Kurve des Rußvolumenbruchs ist identisch mit der Kurve, die sich aus der Simulation der Flamme ohne NO ergibt. Allein die Änderung der Temperatur, wie sie zu finden ist, wenn NO der Flamme zugemischt wird, erklärt demnach nicht die geringere Rußkonzentration der NO-haltigen Flamme. Änderungen der Temperatur in diesem kleinen Umfang haben hier keine Auswirkung auf Rußbildung und -oxidation. Die Temperaturerhöhung als alleinige Erklärung für die geringere Rußkonzentration kann in diesem Fall ausgeschlossen werden.

Als zweites wird der Einfluss der in der Flamme verfügbaren Menge an Oxidationsmittel, also Sauerstoff, auf die Eigenschaften der Flamme untersucht. Hierzu wird eine Flamme simuliert, deren Sauerstoffgehalt am oberen Brenner gleich dem der Flamme ist mit am oberen Brenner zudosiertem NO. Abbildung 6.26 stellt die Rußvolumenbrüche bei C/O-Äquivalenz dar. Wieder sind die bekannten Rußvolumenbrüche der Flamme mit und ohne NO aufgetragen. Hinzu kommt der simulierte Verlauf des Rußvolumenbruchs bei einem C/O-Verhältnis, das dem der NO-haltigen Flamme entspricht. Hier liegt der ermittelte Rußvolumenbruch etwas unter dem der NO-freien Flamme, aber höher, als bei der NO-haltigen Flamme. Im Fall der stickstoffhaltigen Gegenströmung tritt also eine rußmindernde Wirkung des NOs auf, die nicht nur auf dem in höherem Maße vorhandenen Oxidationsmittel Sauerstoff basiert. Es kommt trotz des späten Kontakts von Ruß und NO zu Wechselwirkungen, die zu einer Absenkung der Rußkonzentration führen.

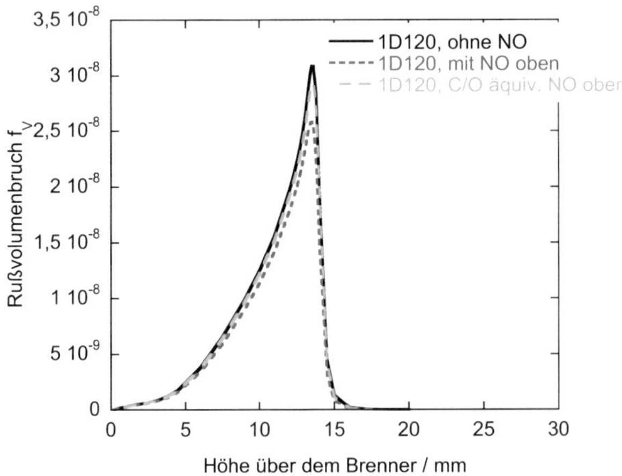

Abbildung 6.26: *Rußvolumenbrüche bei verschiedenen C/O-Verhältnissen mit und ohne NO, Flamme 1D120 mit Ruß, NO am oberen Brenner zudosiert*

Abbildung 6.27 zeigt den Temperaturverlauf der Flammen mit und ohne NO am oberen Brenner und zusätzlich den der Simulation mit einem C/O-Verhältnis äquivalent zur NO-haltigen Flamme. Auch der Vergleich der Temperaturen zeigt, dass die Vorgänge der NO-Ruß-Reaktionen nicht nur auf die Anwesenheit größerer Sauerstoffmengen reduziert werden können. Die Flamme mit dem C/O-Äquivalent weist einen Temperaturverlauf auf, der verschieden ist von dem der NO-haltigen Flamme, insbesondere bei großen Höhen, also in einem Bereich, in dem der Einfluss des Stickoxids groß ist. Die Temperatur der Flamme mit NO liegt am oberen Brenner, also im Bereich der Zumischung, unter der Temperatur der Flamme ohne NO. Bei kleineren Höhen übersteigt sie die Temperatur der NO-freien Flamme. Dies entspricht dem experimentellen Ergebnis (vgl. Kapitel 6.2.4), das eine Anhebung der Temperatur bei NO-Zugabe in der rußenden Zone der Flamme zeigt. Die Zumischung von NO wirkt sich hier also unterschiedlich auf die Flammentemperatur aus. Im Bereich, in dem Ruß zu finden ist, steigt die Flammentemperatur an, während in der rußfreien Zone am oberen

Brenner eine Abnahme der Temperatur zu verzeichnen ist. Der Ersatz von NO durch ein entsprechendes C/O-Äquivalent senkt die Temperatur im Bereich der oberen Flamme weit stärker ab, als NO dies tut. Im Bereich der rußenden Flamme ist keine Veränderung der Temperatur gegenüber der NO-freien Flamme zu finden.

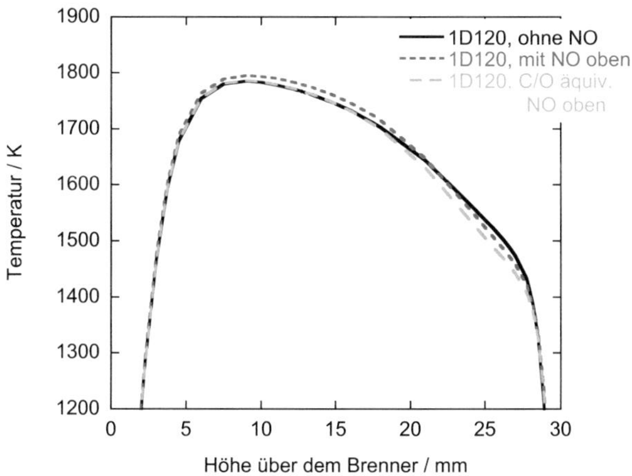

Abbildung 6.27: *Temperatur bei verschiedenen C/O-Verhältnissen mit und ohne NO, Flamme 1D120 mit Ruß, NO am oberen Brenner zudosiert*

Diese Betrachtung zeigt, dass die Absenkung der Rußkonzentration in der Flamme mit NO nicht alleine auf den in größerem Umfang zur Verfügung stehenden Sauerstoff zurückzuführen ist. Die NO-Mechanismen sind notwendig, um die Abläufe in der Flamme mathematisch erfassen zu können. Die Ergebnisse der Temperaturbestimmung zeigen eine unterschiedliche Verschiebung der Temperatur durch NO-Zugabe. In dem Bereich der Flamme, in dem Rußpartikel zu finden sind, bzw. die Verbrennung fett abläuft, steigt die Temperatur, wohingegen sie in der partikelfreien, annähernd stöchiometrischen Flamme am oberen Brenner abnimmt. Dies deutet darauf hin, dass abhängig von der Zusammensetzung der Flamme bzw. dem Vorhandensein von Ruß, unterschiedliche Reaktionsmechanismen den Abbau von NO dominieren. Bei fetten Flammenbedingungen bzw. vorhandenem Ruß steigt die Temperatur, es dominieren damit Reaktionen, die Energie freisetzen. Ist die Flamme arm an Brennstoff und somit auch rußfrei, wird weniger Energie freigesetzt, es laufen im Gegensatz dazu offensichtlich verstärkt endotherme Reaktionen ab, die zu einer Absenkung der Flammentemperatur führen.

6.4.2 Zumischung von NO am unteren Brenner

Wird NO direkt in die rußende Flamme eingemischt, ergeben sich bessere Möglichkeiten einer NO-Ruß-Interaktion. Die Ergebnisse der Experimente und der Simulation legen nahe, dass hier andere Reaktionen auftreten, als im Fall der NO-haltigen Gegenströmung, bei der NO in die annähernd stöchiometrische Flamme am oberen Brenner zugemischt wird.

Abbildung 6.28 zeigt in Analogie zu Abbildung 6.25 die Auswirkung einer Temperaturänderung in der Flamme auf die Rußvolumenbrüche. Zum einen sind die bekannten Rußvolumenbruchverläufe der untersuchten Flammen mit und ohne NO am unteren Brenner (vgl. Kapitel 6.1.2.2 und Kapitel 6.1.3.2) dargestellt, die sich deutlich voneinander unterscheiden. Zum anderen ist der Rußvolumenbruch einer simulierten Flamme aufgetragen, der ein Temperaturprofil aufgeprägt ist, das dem der NO-haltigen Flamme äquivalent ist, die aber selbst kein NO enthält. Damit soll die Auswirkung der Temperaturerhöhung in der NO-haltigen Flamme im Vergleich zur NO-freien Flamme, wie sie in Kapitel 6.2.3 und Kapitel 6.2.5 beschrieben ist, auf den Rußgehalt untersucht werden. Die erhöhte Temperatur hat auch bei der Zumischung von NO in die rußende Flamme am unteren Brenner hinein keinen Effekt, obschon die Änderung der Temperatur größer ist, als bei der Zumischung von NO in die obere Gegenströmung. Es findet sich, wie bei der Zumischung von NO am oberen Brenner (vgl. Kapitel 6.4.1), keine Abhängigkeit der Rußkonzentration von der Flammentemperatur im Rahmen der bei den untersuchten Flammen anzutreffenden kleinen Temperaturänderungen.

Resultierend aus diesen Beobachtungen lässt sich sagen, dass die Temperaturänderung in keinem Fall ausschlaggebend für die geringere Rußkonzentration bei NO-haltigen Flammen ist, unabhängig von der lokalen Verteilung des Stickstoffmonoxids. Dies gilt, obwohl eine Temperaturabhängigkeit der Rußreaktionen vorhanden ist [7]. Offensichtlich sind die hier vorliegenden Temperaturänderungen in einem Bereich, in dem die Rußkonzentration wenig sensitiv auf Temperaturänderungen reagiert. Der glockenförmige Verlauf der Rußkonzentration über der Flammentemperatur ermöglicht diesen Effekt. Zudem sind die Änderungen der Temperatur, die vom NO hervorgerufen werden, sehr gering.

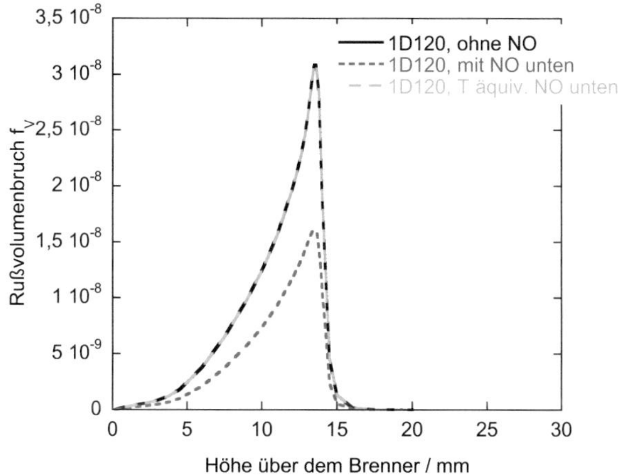

Abbildung 6.28: *Rußvolumenbrüche bei verschiedenen Temperaturen mit und ohne NO, Flamme 1D120 mit Ruß, NO am unteren Brenner zudosiert*

Die Anpassung des C/O-Verhältnisses der Flamme an die Bedingungen der NO-haltigen Flamme ist in Abbildung 6.29 dargestellt. Wie bei der Flamme mit NO am oberen Brenner wird hier der durch das Stickoxid zusätzlich in die Flamme eingebrachte Sauerstoff durch ein geändertes C/O-Verhältnis substituiert. Im Gegensatz zu den Ergebnissen bei Zumischung im Gegenstrom ist nun ein sehr deutlicher Effekt durch das geänderte C/O-Verhältnis zu sehen. Die Rußkonzentration nimmt bei kleinerem C/O-Verhältnis, was der größeren Sauerstoffmenge der NO-haltigen Flamme gegenüber der NO-freien Flamme entspricht, deutlich ab. Der vermehrt vorliegende Sauerstoff wirkt verstärkend auf die Oxidationsvorgänge der Rußbildung. Hier werden auch die Rußvorläufer von der Oxidation beeinflusst, da der geringere Rußvolumenbruch schon in der Reaktionszone zu finden ist. Der Effekt setzt sich fort bis hin zur Stauebene, bei der das Rußmaximum liegt. Die Rußkonzentration wird allerdings deutlich weniger stark abgesenkt, als dies durch die Zumischung von NO geschieht. Diese bewirkt einen um etwa 1/3 kleineren Rußvolumenbruch, als durch die alleinige Sauerstoffzugabe erreicht wird. Der vermehrt vorliegende Sauerstoff verursacht eine Rußabsenkung von etwa 25 % bezogen auf die ursprünglichen Werte der NO-freien Flamme. Hier zeigt sich also schon in der Betrachtung des Rußvolumenbruchs, dass eine alleinige Sauerstoffzugabe die Flamme nicht so verändern kann, wie es die

Stickoxidzugabe tut. Es muss also davon ausgegangen werden, dass Stickstoffmonoxid und die daraus resultierenden Reaktionen hier eine entscheidende Rolle im Verbrennungsprozess spielen.

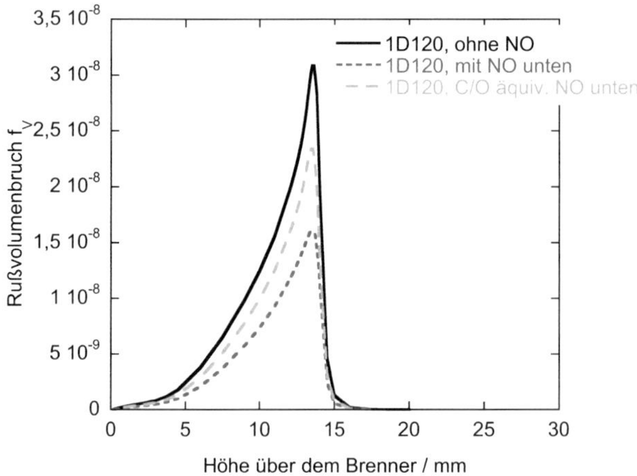

Abbildung 6.29: *Rußvolumenbrüche bei verschiedenen C/O-Verhältnissen mit und ohne NO, Flamme 1D120 mit Ruß, NO am unteren Brenner zudosiert*

Zusätzlich zur Rußkonzentration wird die Temperatur der Flammen untersucht (vgl. Abbildung 6.30). Hier wirkt sich das Stickoxid bzw. der Sauerstoff bis knapp über der Stauebene auf die Flamme aus, die Veränderungen der Flammentemperatur sind also in einem Bereich zu finden, in dem auch Ruß vorliegt. Die Temperatur der Flamme steigt, wie schon gesehen, durch die Zugabe von NO am unteren Brenner an. Wird das NO durch ein C/O-Äquivalent ersetzt, ist zwar auch eine Temperaturerhöhung zu finden, diese fällt aber deutlich geringer aus, als durch die Stickoxidreaktionen. Die Temperatur der Flamme steigt nur geringfügig infolge der höheren Sauerstoffkonzentration und liegt im Maximum um etwa 5 K höher, als die Temperatur der NO-freien Flamme. Dies ist nur wenig im Vergleich zum Effekt des Stickoxids, das einen Temperaturanstieg von 40 K in der Simulation nach sich zieht. Demnach bewirkt das verstärkt vorliegende Oxidationsmittel hier in der rußenden Flamme einen Temperaturanstieg. Die Stickstoffreaktionen heben die Temperatur der Flamme aber weitaus stärker an. Dies korreliert mit den Beobachtungen bei der Rußkonzentration, bei der die

Änderungen der Flammeneigenschaften auch nur teilweise durch ein vermehrt vorliegendes Oxidationsmittel erklärt werden können.

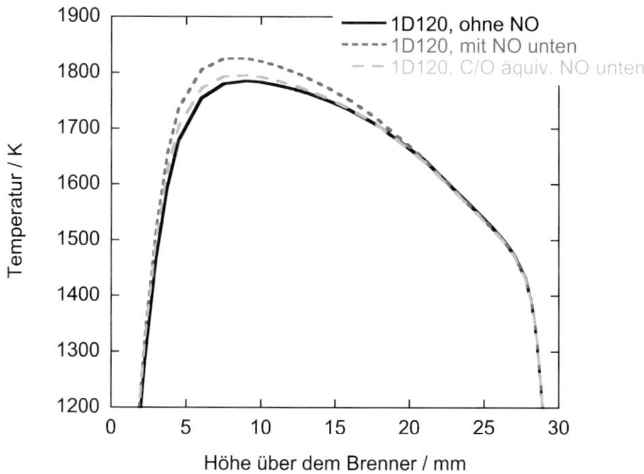

Abbildung 6.30: *Temperatur bei verschiedenen C/O-Verhältnissen mit und ohne NO, Flamme 1D120 mit Ruß, NO am unteren Brenner zudosiert*

Im Vergleich zu den vorher beschriebenen Beobachtungen für die Flamme mit NO-Zumischung am oberen Brenner kann festgestellt werden, dass das zugemischte NO stärke Auswirkungen auf die Rußkonzentration der Flamme hat, wenn es direkt in die rußende Flamme eingemischt wird. Hier kommt es schon sehr früh zu Veränderungen in der Rußbildung, die auch deutlich stärker sind, als es durch erhöhte Sauerstoffzugabe zu erreichen ist.

6.4.3 Vergleich der Flammen mit NO-Zumischung am oberen und unteren Brenner

6.4.3.1 Gasphasenreaktionen des Reburn-Mechanismus

Aus der Betrachtung der Flammentemperatur hat sich die Vermutung ergeben, dass abhängig vom Ort der NO-Zumischung unterschiedliche Reaktionsmechanismen bestimmend für die Abläufe in der Flamme sind. Abbildung 6.31 zeigt nach MILLER ET AL. [95] ein Reaktionspfaddiagramm zur Beschreibung des Reburn-Mechanismus NO $\longrightarrow$ HCN $\longrightarrow$ N_2.

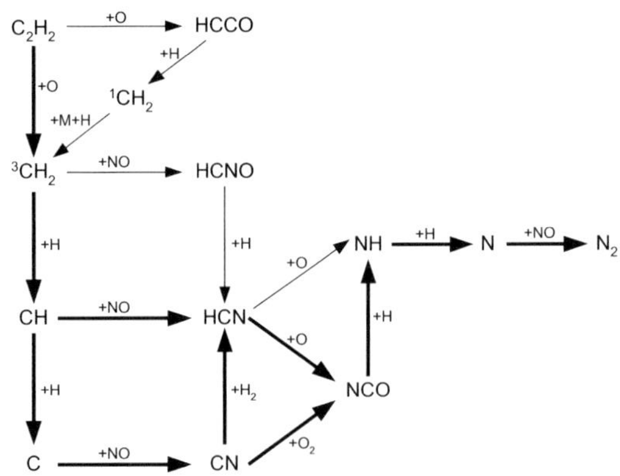

Abbildung 6.31: *Reaktionspfaddiagramm zur Beschreibung der Reaktion* NO $\longrightarrow$ HCN $\longrightarrow$ N_2 [95]

Die Konzentrationen einiger Zwischenprodukte des NO-Reaktionsmechanismus sind für die untersuchten Flammen mit NO-Zumischung in Abbildung 6.32 dargestellt. Aufgetragen sind die Molenbrüche in einer NO-freien Flamme 1D120, sowie in den jeweiligen NO-haltigen Flammen, also mit Zumischung am unteren bzw. oberen Brenner.

Die Produktpaare CH_2 - HCNO, CH - HCN und C - CN zeigen unterschiedlich starke Änderungen im Flammenverlauf, abhängig davon, ob NO am unteren oder oberen Brenner zugemischt wird. Für CH_2 und CH sind bei der Zumischung von NO am unteren Brenner merkliche Konzentrationsunterschiede gegenüber der NO-freien Flamme festzustellen, wohingegen sich die Konzentration von C im unteren Flammenbereich überhaupt nicht ändert. Entsprechend hoch ist auch die Konzentration der daraus resultierenden Produkte HCNO und HCN. Die Zumischung von NO am oberen Brenner bewirkt im Gegensatz dazu starke Konzentrationsänderungen bei C. CH_2 und CH reagieren mit NO am oberen Brenner etwas früher, als in der NO-freien Flamme, die Maximalkonzentration ändert sich aber kaum. Entsprechend wenig sind auch die Produkte HCNO und HCN vorhanden, ganz im Gegensatz zu CN, das als Produkt des Reaktionsweges $C + NO \rightleftharpoons CN + O$ in hoher Konzentration vorhanden ist. Die in Abbildung 6.32 dargestellten Produktpaare finden sich in Reaktionspfaden wieder, die MILLER ET AL. [95] beschreibt (vgl. Abbildung 6.31). Für die Flammen, bei denen NO am unteren Brenner zugemischt wird, dominiert der Reaktionsweg $CH_2 \longrightarrow HCNO \longrightarrow HCN$, der für die von MILLER ET AL. [95] beschriebenen Flammen untergeordnet erscheint. Wird NO in der oberen Flamme zugemischt, so dominiert, wie auch in Abbildung 6.31, der Reaktionsweg $C \longrightarrow CN \longrightarrow HCN$ bzw. NCO. Daraus folgt, dass abhängig vom Ort der NO-Zumischung und den sich dadurch ergebenden Flammenbedingungen, unterschiedliche Reaktionswege im Gasphasenmechanismus bevorzugt werden. Darüber hinaus sind NO-Abbaureaktionen über die Grenzschicht hinaus zu beobachten, also auch auf der der Zumischung entgegengesetzten Seite der Flamme.

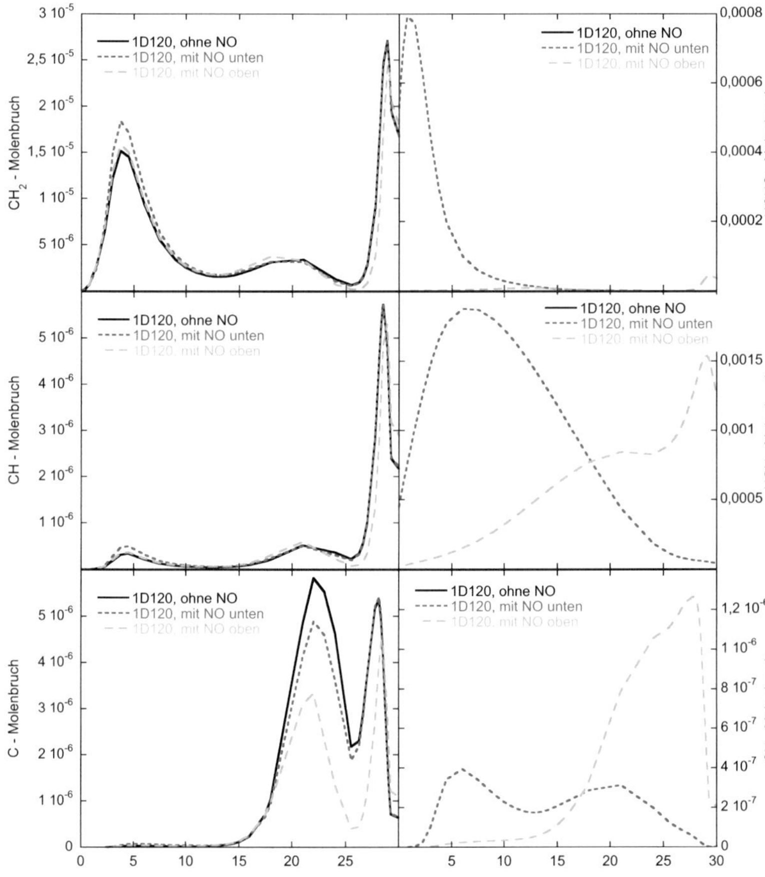

Abbildung 6.32: *Vergleich verschiedener Spezieskonzentrationen, Flamme 1D120 mit Ruß, NO am unteren und oberen Brenner zudosiert*

6.4.3.2 Gasphasenreaktionen des Ruß-Mechanismus

Der Einfluss der Stickoxid-Reaktionen auf die Rußbildung kann anhand der Konzentrationsverläufe der Rußvorläufer gezeigt werden. Diese Reaktionen laufen in geringen Höhen über dem Brenner ab und sind homogene chemische Reaktionen.

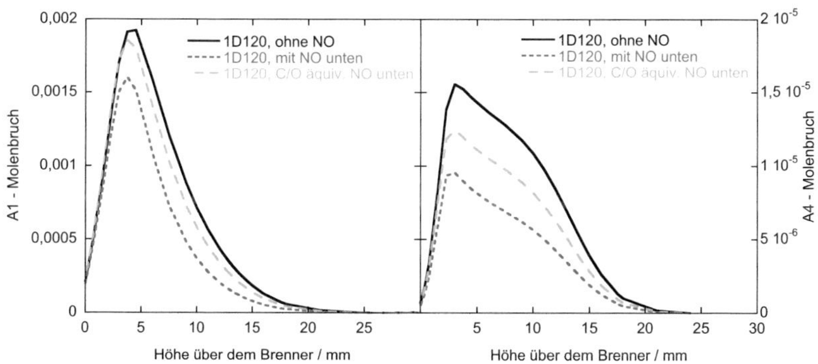

Abbildung 6.33: *Benzol- und Pyren-Konzentration, Flamme 1D120 mit Ruß, NO am unteren Brenner zudosiert*

Abbildung 6.33 zeigt den Verlauf der A1- und A4-Konzentrationen, also Benzol und Pyren als Stufen der PAK-Bildung. Bei Benzol wird die Stoffkonzentration durch vorhandene Stickstoffverbindungen deutlich stärker abgesenkt, als durch die reine Erhöhung der Sauerstoffkonzentration, die nur einen sehr geringen Einfluss auf die Benzol-Konzentration hat. Nach dem ersten aromatischen Ringschluss ist die Rußbildung durch das Wachstum der polyzyklischen aromatischen Kohlenwasserstoffe gekennzeichnet. Modelliert wird sie über den in Kapitel 2.1 beschriebenen HACA-Mechanismus [6]. Die für Benzol gefundene Verringerung der Rußvorläufer erstreckt sich auch auf die größeren aromatischen Strukturen. Die in der Flamme gebildete Menge an PAKs ist deutlich niedriger mit anwesendem NO. Bei Pyren zeigt sich eine Verringerung des Konzentrationsmaximums um fast 50 %, wohingegen das C/O-Äquivalent nur eine Absenkung auf etwa 75 % bewirkt. In der gesamten Kette der PAK-Bildung ist also eine deutliche Verringerung der Konzentration der Rußvorläufer durch die Zugabe von NO in die Flamme zu beobachten, was sich infolgedessen auch in einer niedrigeren Rußkonzentration niederschlägt. Die Gasphasenreaktionen, die den Stickoxidmechanismus beschreiben, führen zu einem Eingriff in die PAK-Bildung, die am Anfang des HACA-Mechanismus steht, und somit verstärkt kleine aromatische Strukturen betrifft. Die Abbaureaktionen, die vom Oxidationsmittel Sauerstoff initiiert werden, finden später statt und erreichen bei Pyren nur eine deutlich kleinere Verringerung der Konzentration der Rußvorläufer, als die Stickoxid-Reaktionen.

Der Verlauf der gleichen Rußvorläufer ist in Abbildung 6.34 für die NO-Zumischung am oberen Brenner dargestellt.

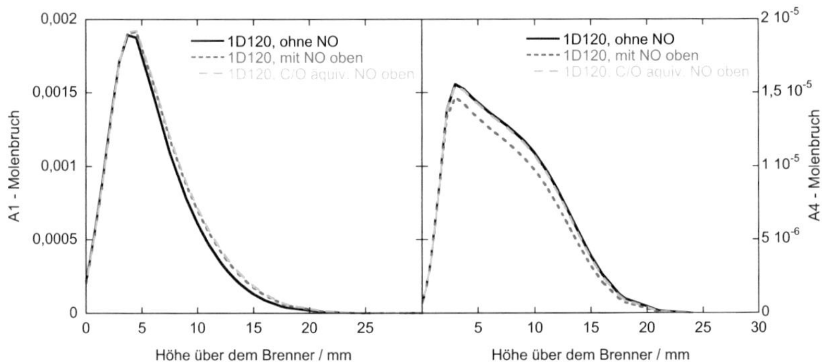

Abbildung 6.34: *Benzol- und Pyren-Konzentration, Flamme 1D120 mit Ruß, NO am oberen Brenner zudosiert*

Hier ist im Gegensatz zur Zumischung am unteren Brenner kaum ein Einfluss auf die Bildung der PAKs festzustellen. Vor allem die Benzol-Konzentration ist kaum durch die Zumischung von NO am oberen Brenner beeinflusst. Dies ist verständlich, da Benzol sehr früh in der rußenden Flamme gebildet wird und das zugemischte NO über die Grenzfläche hinweg kaum bis in diesen Bereich der Flamme wirken kann. Im weitern Verlauf der PAK-Bildung zeigt sich aber doch ein Einfluss von NO, der aber sehr gering ist. Bei Pyren ist eine geringe Absenkung der Konzentration aufgrund von Stickoxid-Reaktionen feststellbar. Dies führt dazu, dass auch im Fall der NO-Zumischung am oberen Brenner die Rußkonzentration aufgrund von Gasphasenreaktionen verringert wird.

Die gezeigte Absenkung der PAK-Konzentrationen durch Stickstoffmonoxid bzw. durch mehr Sauerstoff beruht alleine auf dem verwendeten Gasphasenmechanismus. Die Aussagen gelten für Rußvorläufer, aber noch nicht für Partikel.

6.4.3.3 NO-Ruß-Wechselwirkung

Neben den homogenen Gasphasenreaktionen ist es zusätzlich notwendig, die Auswirkung der heterogenen Reaktionen, also von Ruß mit NO zu betrachten, um die Ursachen der Rußminderung durch NO-Zugabe zu klären. Somit muss der Rußvolumenbruch als aussagekräftige Größe herangezogen werden (vgl. Abbildung 6.26 und 6.29). nicht zurückgegriffen werden. Die Reduktion der Rußmenge durch Stickstoffmonoxid ist, verglichen mit der rußmindernden Wirkung von Sauerstoff, unabhängig vom Ort der Zumischung deutlich besser. Das zugemischte Stickoxid reduziert in beiden Fällen die Rußmenge gegenüber der stickstofffreien Flamme, im Maximum bei Zumischung am unteren Brenner um etwa 50 %, am oberen Brenner um etwa 15 %. Das C/O-Äquivalent bringt eine deutlich geringere Absenkung der Rußkonzentration, was sich aber auch schon im Gasphasenmechanismus deutlich abzeichnet. Inwieweit die rußmindernde Wirkung des NOs auf heterogenen Reaktionen basiert, kann nur untersucht werden, wenn der Mechanismus der heterogenen NO-Ruß-Wechselwirkungen im Simulationsprogramm deaktiviert wird. Sowohl die Flamme 1D120 mit NO-Zumischung am unteren Brenner, als auch die mit NO-Zumischung am oberen Brenner werden mit dem reduzierten Mechanismus simuliert. Die nun gerechneten Konzentrationsverläufe basieren für die Stickoxidreaktionen ausschließlich auf dem Gasphasenmechanismus. Ruß wird weiter heterogen gerechnet. Die sich im Vergleich mit den simulierten Konzentrationsprofilen bei komplettem Mechanismus, also einschließlich heterogener NO-Ruß-Wechselwirkung, ergebenden Unterschiede basieren somit auf genau dieser Wechselwirkung und den sich daraus ergebenden veränderten Bedingungen in der Flamme. Abbildung 6.35 zeigt diesen Vergleich für die Flamme mit NO-Zumischung am unteren Brenner.

Der deutlichste Unterschied im Simulationsergebnis zeigt sich im Rußvolumenbruch f_V. Die Absenkung der Rußkonzentration aufgrund der Stickoxide ist mit aktivem heterogenem NO-Ruß-Mechanismus signifikant stärker, als mit deaktiviertem Mechanismus. Der maximale Rußvolumenbruch von etwa $1,6 \cdot 10^{-8}$, wie er auch in den experimentellen Untersuchungen gefunden wurde (vgl. Abbildung 6.4), kann nur mit aktivem heterogenem NO-Ruß-Mechanismus erreicht werden. Ohne den heterogenen Mechanismus wird der Rußvolumenbruch nur auf etwa $2 \cdot 10^{-8}$ abgesenkt, was deutlich weniger ist, als das Experiment zeigt. Auch der Quellterm des Oberflächenwachstums von Ruß verändert sich stark, abhängig davon, ob der heterogene NO-Ruß-Mechanismus aktiviert ist, oder nicht. Teilweise sind auch Auswirkungen auf die Produkte der homogenen Reaktionen zu finden. So ist etwa die Konzentration von N_2, CN und HCN leicht erhöht, wenn mit heterogenem NO-Ruß-Mechanismus gerechnet wird. Dies ist darauf zurückzuführen, dass sich durch die ablaufenden heterogenen Reaktionen die

Reaktionsbedingungen in der Flamme verändern und so auch die homogenen Reaktionen beeinflusst werden.

Dieser Vergleich zeigt, dass der heterogene NO-Ruß-Mechanismus bei Zumischung von NO am unteren Brenner eine signifikante Auswirkung auf die in der Flamme vorhandene Rußmenge hat. Wird er nicht berücksichtigt, so verschlechtert sich das Simulationsergebnis, verglichen mit den Ergebnissen der experimentellen Untersuchungen, deutlich.

Abbildung 6.36 zeigt die gleichen Konzentrationsverläufe, wie Abbildung 6.35, jedoch für die Flamme 1D120, bei der NO am oberen Brenner zugemischt wird. Hier ist für keine der dargestellten Konzentrationen ein Unterschied festzustellen. Es besteht keine Abhängigkeit davon, ob der heterogene NO-Ruß-Mechanismus in der Simulation aktiviert ist, oder nicht. Beim Verlauf des Quellterms des Oberflächenwachstums ist eine minimale Änderung im Bereich der Grenzschicht festzustellen, die aber im Rußvolumenbruch keine sichtbare Wirkung entfaltet.

Aus diesen Untersuchungen ergibt sich ein deutlicher Unterschied für die ablaufenden Reaktionen abhängig vom Ort der Zumischung. Wird NO in die fette Flamme am unteren Brenner zugemischt, so kommt es zum einen zu homogenen Gasphasenreaktionen, die in der frühen Rußbildungsphase die PAK-Konzentrationen herabsetzen, was die Menge des entstehenden Rußes vermindert. Zum anderen laufen zusätzlich heterogene Reaktionen zwischen Ruß und Stickstoffmonoxid ab. Diese Oberflächenreaktionen leisten ebenfalls einen Beitrag zur Verringerung der Rußkonzentration in der Flamme. Wird NO der stöchiometrischen Flamme am oberen Brenner zugemischt, so können lediglich Gasphasenreaktionen beobachtet werden. Diese reduzieren ebenfalls die Rußmenge der unteren Flamme, allerdings in weitaus geringerem Maße, als das bei Zumischung am unteren Brenner zu finden ist. Über die Grenzfläche hinweg kommt es zu Wechselwirkungen mit Rußvorläufern, die allerdings später im Rußbildungsprozess stattfinden und seltener sind. Dies erklärt, warum NO, das in der rußfreien Gegenstromflamme zugemischt wird, einen Einfluss auf die Rußkonzentration der Flamme am unteren Brenner hat. Für diesen Fall können aber keine Auswirkungen des heterogenen Reaktionsmechanismus festgestellt werden, Oberflächenreaktionen mit alten Rußpartikeln an der Grenzfläche der Flammen zeigen in der Simulation keine signifikante Wirkung. Diese Beobachtung der unterschiedlichen Mechanismen in der NO-Ruß-Wechselwirkung spiegelt auch die für die Flammentemperaturen charakteristischen Unterschiede wider, die eine Temperaturerhöhung bei der rußenden Flamme, aber eine Temperaturabsenkung bei der nicht-rußenden Flamme am oberen Brenner beinhalten.

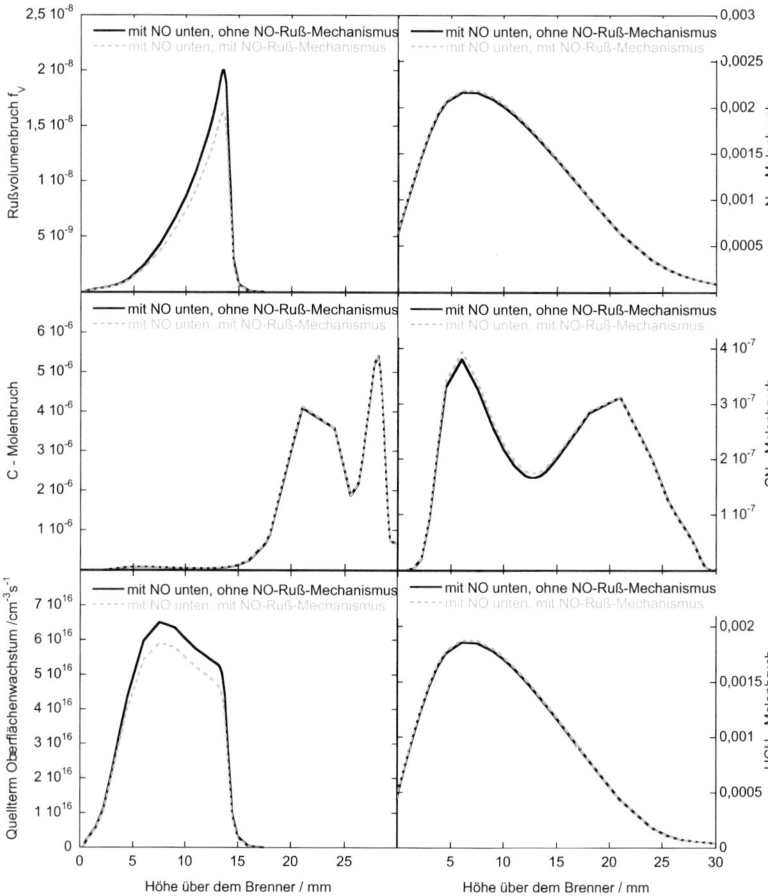

Abbildung 6.35: *Vergleich verschiedener Spezieskonzentrationen, gerechnet mit und ohne Ruß-NO-Wechselwirkung, Flamme 1D120 mit Ruß, NO am unteren Brenner zudosiert*

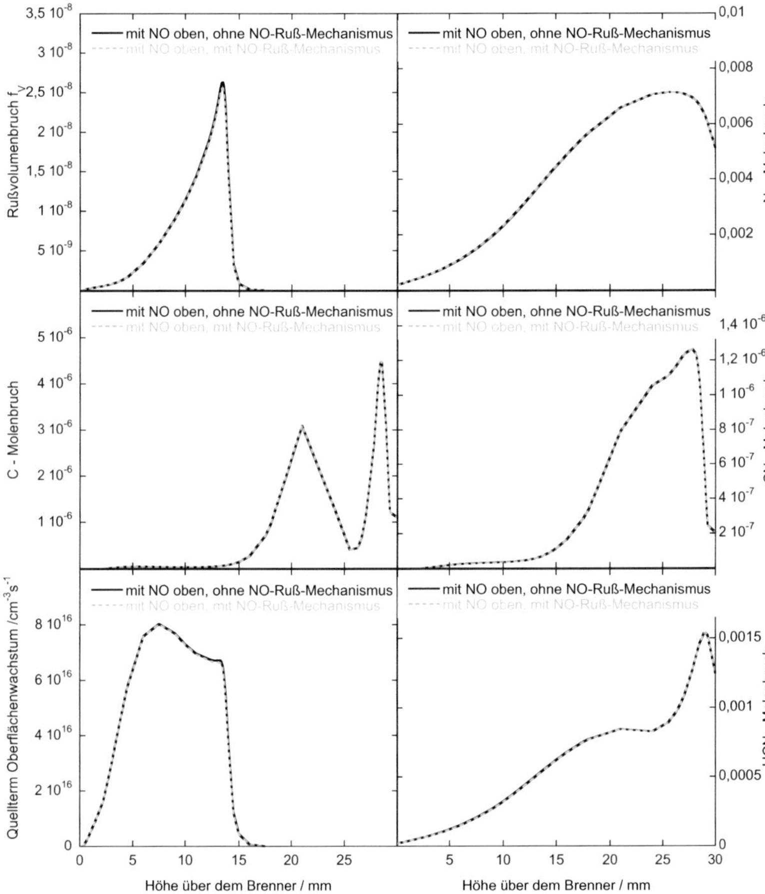

Abbildung 6.36: *Vergleich verschiedener Spezieskonzentrationen, gerechnet mit und ohne Ruß-NO-Wechselwirkung, Flamme 1D120 mit Ruß, NO am oberen Brenner zudosiert*

6.4.3.4 Reaktionswahrscheinlichkeit des NO-Ruß-Mechanismus

Die Oberflächenreaktionen zwischen Ruß und Stickstoffmonoxid werden durch die von ROTH ET AL. [23] formulierte heterogene Reaktion beschrieben, die in Kapitel 5.1 dargelegt ist. Die entsprechende Reaktionswahrscheinlichkeit α_{NO} für die Oberflächenreaktion bestimmt das Maß der stattfindenden Wechselwirkung.

Wenn diese Oberflächenreaktion geeignet ist, die Wechselwirkung zwischen NO und Ruß zu beschreiben, dann muss eine Reaktionswahrscheinlichkeit existieren, mit der das Simulationsprogramm SOFOKLES Flammen berechnen kann, deren Eigenschaften mit den Ergebnissen der Messungen übereinstimmen. In der Arbeit von APPEL [11] lagen keine Messergebnisse vor, anhand derer diese Reaktion überprüft werden konnte. Aus diesem Grund beschränkt er sich auf die Untersuchung der Simulation bei verschiedenen Werten für α_{NO}. Dabei ergibt sich, dass eine Variation von α_{NO} im Bereich 0 bis 10^{-3} signifikante Änderungen im Rußvolumenbruch nach sich zieht. Die Temperatur der Flamme und die Konzentration von NO ändern sich nur wenig. Weiterhin werden deutliche Änderungen in der Konzentration von molekularem Stickstoff beschrieben.

Bei den im Rahmen dieser Arbeit durchgeführten Simulationen der Gegenstromflammen werden ebenfalls verschiedene Werte für die Reaktionsgeschwindigkeit getestet. Abbildung 6.37 stellt die simulierten Rußvolumenbrüche für unterschiedliche Reaktionswahrscheinlichkeiten α_{NO} dar. Simuliert ist die Flamme 1D120, bei der Ruß am unteren Brenner zugemischt wird. Bei dieser Flamme zeigen sich die deutlichsten Auswirkungen des heterogenen NO-Ruß-Mechanismus auf die Simulation (vgl. Kapitel 6.4.3.3). Die Simulation der Flamme ist zum einen ohne heterogene NO-Ruß-Wechselwirkung gerechnet ($\alpha_{NO} = 0$), weiterhin erfolgt eine Variation der Reaktionswahrscheinlichkeit. Dazu wird die temperaturabhängige Reaktionswahrscheinlichkeit nach ROTH ET AL. [23] verwendet, sowie eine Wahrscheinlichkeit von 10^{-3}, die über der von ROTH ET AL. [23] liegt, und $\alpha_{NO} = 10^{-4}$, was einer geringeren Reaktionswahrscheinlichkeit, als bei ROTH ET AL. [23] entspricht.

In Abbildung 6.37 ist deutlich der Unterschied im Rußvolumenbruch zu erkennen, der sich abhängig von der Reaktionswahrscheinlichkeit α_{NO} der NO-Ruß-Wechselwirkung ergibt. Die guten Übereinstimmungen mit den Messergebnissen der Rußvolumenbrüche, die in Kapitel 6.1 gezeigt sind, werden alle mit einer Reaktionswahrscheinlichkeit erreicht, wie sie von ROTH ET AL. [23] beschrieben ist. Die dem Arrhenius-Ansatz folgende Reaktionsgeschwindigkeit

$$\alpha_{\mathrm{NO}} = 1,82 \cdot \exp(-15000\ \mathrm{K}\ /\ T) \tag{6.1}$$

ermöglicht es, mit Hilfe des in SOFOKLES eingebetteten Reburn-Mechanismus und der heterogenen Reaktionen für die Wechselwirkung von NO und Ruß, Ergebnisse für Gegenstromflammen zu berechnen, die mit den hier dargestellten Messergebnissen in Einklang zu bringen sind. Eine weitere Anpassung der Reaktionswahrscheinlichkeit ist nicht nötig. Eine Änderung der Reaktionsgeschwindigkeit, wie sie von APPEL [11] durchgeführt wurde, führt in jedem Fall zu einer Verschlechterung der modellierten Ergebnisse. Auch Änderungen, die näher an der von ROTH ET AL. [23] beschriebenen Reaktionsgeschwindigkeit liegen, bringen keine weitere Verbesserung. Die Richtigkeit dieses Ansatzes für die hier untersuchten Flammen kann damit bestätigt werden.

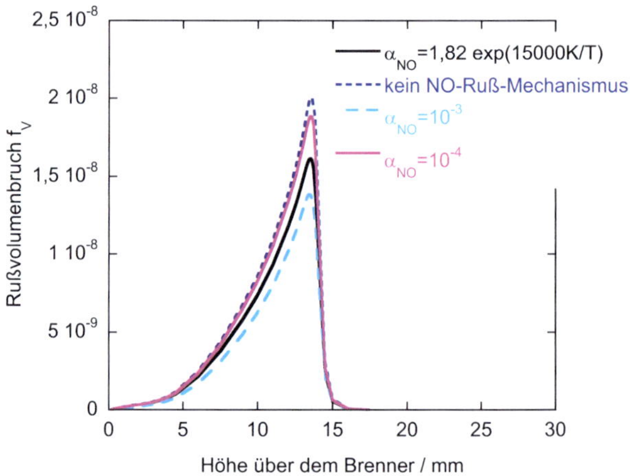

Abbildung 6.37: *Rußvolumenbruch bei verschiedenen Reaktionswahrscheinlichkeiten für den NO-Ruß-Reaktionsmechanismus, Flamme 1D120 mit Ruß, NO am unteren Brenner zudosiert*

Die in dieser Arbeit untersuchten Wechselwirkungen zwischen Ruß und Stickstoffmonoxid belegen nachdrücklich, dass es für die Modellierung von Flammen nicht ausreicht, die beiden Spezies unabhängig voneinander zu behandeln. Ruß und NO gehen auf vielfältige Weise eine Wechselwirkung in der Flamme ein, sodass es notwendig ist, dies auch in der Modellierung der Flamme zu berücksichtigen. Betroffen ist davon sowohl der Abbau von NO in rußenden Flammen, wie es in dieser Arbeit dargestellt ist, als auch die Bildung von NO, was CONNELLY ET AL. [87] belegt.

Zusammenfassend ergibt sich aus der Simulation, dass das Stickoxid in innigem Kontakt zu dem Ruß, mit dem es reagieren soll, stehen muss. Die Reaktionen, die einen deutlichen Einfluss auf die Flammenbedingungen zeigen, finden schon in den frühen Phasen der Rußbildung statt. Wird NO in die rußende Flamme zugemischt, finden sich zum einen homogene Gasphasenreaktionen, die zur Verringerung der in der Flamme gebildeten Rußmenge beitragen, zum anderen aber auch in signifikantem Maße heterogene Reaktionen zwischen dem Stickoxid und der Rußoberfläche, die zu einer weiteren Verringerung der Rußmenge beitragen. Dies gilt nicht, wenn es im Rußbildungsprozess erst zu einem späten Kontakt zwischen Ruß und NO kommt. In diesem Fall spielen heterogene Reaktionen keine Rolle für die Verringerung der Rußmenge in der Flamme. Hier tragen nur Gasphasenreaktionen von über die Grenzfläche hinweg transportierten Stickoxidverbindungen zur Rußreduzierung bei. Der von ROTH ET AL. [23] beschriebene Reaktionsmechanismus und die dort angegebene Reaktionswahrscheinlichkeit führen, eingebettet in das Simulationsprogramm SOFOKLES, zu sehr guten Übereinstimmungen von Experiment und Modell. Dies ist unabhängig vom Ort der NO-Zumischung und den Flammenbedingungen.

Der in der Arbeit verwendete Oberflächenmechanismus für die NO-Ruß-Wechselwirkung nach ROTH ET AL. [23] hat, wie in Kapitel 6.4.3.3 herausgearbeitet, nur einen relativ kleinen Einfluss auf die Verringerung der Rußkonzentration der Gegenstromflamme. Der Anteil der Gasphasenreaktionen am Rußabbau ist deutlich höher. Ein möglicher Grund für diesen geringen Effekt kann der Umstand sein, dass der Mechanismus die Kohlenstoffatome des Rußes angreift und durch Abspaltung von CO die Oberfläche des Rußpartikels aufbricht. Eine weitere mögliche Interaktion von NO mit der Rußoberfläche wäre in Anlehnung an die Reaktion R15 ($CH_i + NO \rightleftharpoons HCN + OH_{i-1}$) ein Angiff am Wassersoff an der Oberfläche des Rußpartikels, wie er im HACA-Mechanismus für die Kohlenstoffaddition beschrieben wird. Oberflächenreaktionen dieser Art konnten in der Literatur nicht gefunden werden, bieten aber einen möglichen Ansatzpunkt, das Modell der heterogenen Oberflächenreaktionen von Ruß und NO zukünftig zu erweitern. Damit könnte eine im Rußbildungsprozess später wirksame Wechselwirkung mit der Rußoberfläche in den Mechanismus eingebunden werden.

7 Zusammenfassung

Diese Arbeit befasst sich mit Stickoxidreaktionen in rußenden Flammen. Dazu wurden mit verschiedenen berührungslosen laserspektroskopischen Verfahren laminare, vorgemischte Acetylen-Sauerstoff-Flammen in einem Gegenstrombrenner untersucht. Die sich ausbildende Gegenstrom-Diffusionsflamme bot die Möglichkeit, Stickoxidreaktionen mit Ruß aus unterschiedlichen Stadien der Rußbildung zu betrachten. Stickoxidreaktionen wurden durch gezielte Zudosierung von Stickstoffmonoxid in die Flammen initiiert. Die Zugabe erfolgte zum einen direkt in die rußende Flamme, sodass Ruß-NO-Wechselwirkungen im Bereich der Rußbildung auftraten, zum anderen wurde NO am der rußenden Flamme gegenüberliegenden Brenner zugegeben, was zu Wechselwirkungen von Ruß mit NO über die Diffusionsschicht hinweg führte. Der Ausschluss von Umgebungsluft durch ein geschlossenes Brennersystem und die Verdünnung der Flamme ausschließlich mit inertem Argon erlauben die eindeutige Zuordnung der beobachteten Effekte auf den Einfluss des zugemischten Stickstoffmonoxids.

Die berührungslosen Messverfahren, wie Extinktion, Zwei-Farben-Pyrometrie und Absorption, ermöglichen eine störungsfreie in situ-Untersuchung der Flammen. Störungen der Verbrennung, etwa durch das Einbringen von Sonden, können gänzlich vermieden werden. Mit den genannten Messverfahren war es möglich, Verläufe von Rußvolumenbrüchen, Temperaturen - der Rußpartikel und des Gases - und der Konzentration von NO zu messen. Aufgrund der geometrischen und strömungstechnischen Eigenschaften der Flammen stellen die in Abhängigkeit vom Abstand über der Brenneraustrittsfläche bestimmten Verläufe der Ruß- und NO-Konzentration auch das Verhalten dieser Größen in Abhängigkeit von der Verweildauer in der Flamme dar.

Die Extinktionsmesstechnik wurde für die Detektion von Ruß genutzt. Mit ihr wurden die Verläufe des Rußvolumenbruchs in Abhängigkeit von der Höhe über der unteren Brenneroberfläche bestimmt. Aufgrund der guten Erprobung und der Robustheit des Messverfahrens ist die Zuverlässigkeit der Ergebnisse sehr gut. Mit der Methode der rotationsaufgelösten Absorptionsspektroskopie wurde ein Verfahren zur selektiven Messung der NO-Konzentration realisiert. Die erreichten Signalstärken waren so gut, dass nicht nur in rußfreien, also störungsarmen Bereichen der Flamme gemessen werden konnte, sondern auch Konzentrationswerte in Gebieten, in denen Ruß zu finden ist, gemessen werden konnten. Zusätzlich zu den Konzentrationsprofilen von Ruß und NO wurde lokal aufgelöst das Temperaturprofil der Flammen gemessen. Durch die Verwendung zweier verschiedener Messmethoden war es möglich, die Flammentemperatur basierend auf unterschiedlichen physikalischen Effekten zu ermitteln. Einerseits ergibt sich die Temperatur neben der NO-Konzentration aus den Messungen der rotationsaufgelösten NO-Absorptionsspektren. Darüber hinaus wurde auch die thermische Strahlung des Rußes dazu genutzt, die Flammentemperatur zu bestimmen. Durch die Verwendung zweier Messverfahren wurde der Bereich der Flamme, für den Temperaturmessungen vorgenommen werden konnten, deutlich erweitert. Die Absorptionstechnik deckt den rußfreien Teil der Flammen ab, reicht aber auch bis in Zonen mit geringer Rußkonzentration. Die Bereiche der Flamme, in denen Ruß vorliegt, also auch der Abschnitt mit geringen Rußkonzentrationen, werden bei den Messungen mittels Zwei-Farben-Pyrometrie, die auf der Eigenstrahlung des Rußes basiert, erfasst. Daraus ergibt, sich, dass in einer Überlappungszone sowohl Messungen mittels Absorptionstechnik, als auch mittels Zwei-Farben-Pyrometrie möglich sind. Mit der Überlappungszone konnte erreicht werden, dass ein Vergleich von Gastemperatur (Absorptionsmessung) und Partikeltemperatur (Extinktionsmessung) möglich ist. Die Konsistenz dieser Messungen bestätigt die hohe Güte der beiden Messmethoden und stellt damit eine korrekte Anwendung der laserspektroskopischen Messverfahren sicher. So kann gewährleistet werden, dass alle ermittelten Parameter der Flamme zuverlässig sind. Auch die Validierung der Messergebnisse anhand von Referenzmessungen, die mit bereits vorhandenen Daten für rußende Gegenstromflammen [66] abgeglichen wurden, hat die Güte der durchgeführten Messungen bestätigt. Damit ist sichergestellt, dass sich die anschließende Modifikation des mathematischen Modells auf verlässliche Messergebnisse stützt.

Die Flammen wurden in ihren Eigenschaften derart variiert, dass Aussagen über die Auswirkungen von zugemischtem Stickstoffmonoxid in rußenden Flammen möglich sind. Diese Erkenntnisse wurden genutzt, einen bestehenden Mechanismus für die Modellierung rußender Flammen um die Interaktion von NO mit dem in den Flammen vorhandenen Ruß zu ergänzen. Der vorliegende Mechanismus berücksichtigt neben den üblichen Gaspahsenreaktionen auch Prozesse der PAK- und Rußbildung. Hier wurden Ergänzungen gemacht, um die heterogenen Reaktionen zwischen Stickoxiden und der Rußoberfläche abzubilden. Basierend auf einem in der Literatur vorliegenden Mechanismus wurde das Modell ergänzt und anhand der gemessenen Daten aus den Gegenstromflammen überprüft. Dazu wurden Flammenbedingungen berücksichtigt, bei denen der Mechanismus sich sensitiv auf Modifikationen zeigt.

In dieser Arbeit war es möglich, den Mechanismus von Roth et al. [23] in das vorhandene Modell zur Simulation rußender Flammen, SOFOKLES [11], zu implementieren und die Gültigkeit der Reaktionsparameter für die untersuchten laminaren vorgemischten Gegenstromflammen zu zeigen. Damit ist ein weiterer Schritt zur Verbesserung der Simulation rußender Flammen getan und die für die Verbrennung wichtige Wechselwirkung der beiden Schadstoffe Ruß und Stickstoffmonoxid wird von Seiten des Mechanismus deutlich besser abgebildet. Für die Zukunft besteht die Aufgabe, die Gültigkeit des im Rahmen dieser Arbeit gezeigten Zusammenhangs in den Ruß-NO-Wechselwirkungen auch auf andere Flammentypen hin zu untersuchen und zu validieren. Dann steht ein Werkzeug zur Verfügung, mit dem es möglich ist, Verbrennungsvorgänge gezielt so zu verbessern, dass die Wechselwirkung von Stickoxiden und Ruß dazu genutzt werden kann, die Schadstoffentstehung beider Komponenten positiv zu beeinflussen und damit zu einer wechselseitigen Verringerung der Emissionen beizutragen.

Literaturverzeichnis

[1] G.P. Merker, G. Stiesch: *Technische Verbrennung, Motorische Verbrennung*, B.G. Teubner Verlag, Stuttgart (1999).

[2] Umweltbundesamt: *Verkehr - Rechtliche Rahmenbedingungen*; http://www.umweltbundesamt.de/verkehr/rechtliche-rahmenbedingungen/index.htm (17.02.2013).

[3] Kraftfahrt-Bundesamt - Pressemitteilung Nr. 8/2013: *Der Fahrzeugbestand am 1. Januar 2013*; http://www.kba.de (17.02.2013).

[4] Hoffmann-La Roche AG (Hrsg.): *Roche Lexikon Medizin*, 4. Auflage, Urban & Fischer Verlag, München (1999).

[5] K.K. Kuo: *Principles of Combustion*, 2nd edition, John Wiley & Sons, Inc., Hoboken, New Jersey (2005).

[6] H. Bockhorn (ed.): *Soot Formation in Combustion - Mechanisms and Models*, Springer Verlag, Berlin (1994).

[7] J. Warnatz, U. Maas, R.W. Dibble: *Verbrennung*, Springer Verlag, Berlin (2001).

[8] F. Joos: *Technische Verbrennung*, Springer Verlag, Berlin (2006).

[9] H. Wang, M. Frenklach, Combust. Flame, **111**, 173 (1997).

[10] M. Frenklach, Chem. Eng. Sci., **40 (19)**, 1843 (1985).

[11] J. Appel: *Numerische Simulation der Rußbildung bei der Verbrennung von Kohlenwasserstoffen: Teilchengrößenverteilungen und deren statistische Momente*, Dissertation, Universität Karlsruhe (TH), VDI-Verlag, Düsseldorf (2000).

[12] D. Stapf: *Experimentell basierte Weiterentwicklung von Berechnungsmodellen der NO_x-Emission technischer Verbrennungssysteme*, Dissertation, Universität Karlsruhe (TH), VDI-Verlag, Düsseldorf (1998).

[13] D.L. Baulch, C.J. Cobos, A.M. Cox, P. Frank, G. Hayman, T. Just, J.A. Kerr, T. Murrels, M.J. Pilling, J. Troe, R.W. Walker, J. Warnatz, J. Phys. Chem. Ref. Data, **23**, 847 (1994).

[14] Y.B. Zeldovich, P.Y. Sadovnokov, Y.B. Frank-Kamenetski, Academy of Science of the USSR, Moskau (1947).

[15] F. Schmitt: *Numerische Simulation der Bildung und der Reduktion von Stickstoffoxiden in unterschiedlichen Anwendungsfällen*, Dissertation, Universität Kaiserslautern, VDI-Verlag, Düsseldorf (1998).

[16] C.P. Fenimore, Proceedings of 13th Symposium (International) on Combustion 1970, (Combustion Institute, Pittsburgh, Pa., 1970) 373.

[17] C.P. Fenimore, G.W. James, J. Phys. Chem., **61**, 654 (1957).

[18] W.C. Gardiner, Jr.: *Gas-Phase Combustion Chemistry*, Springer, New-York (1999).

[19] R.K. Hanson, C.T. Bowman: *Investigation of Critical C'H'N'O Reactions in NOx Formation and Removal in Natural Gas Combustion*, Final report, Gas Research Institute, Chicago IL (1992).

[20] E.M. Suuberg, H. Teng, J.M. Calo, Proceedings of 23th Symposium (International) on Combustion 1990, (Combustion Institute, Pittsburgh, Pa., 1990) 1190.

[21] J.-M. Commandré, B.R. Stanmore, S. Salvador, Combust. Flame, **128**, 211 (2002).

[22] L.K. Chan, A.F. Sarofim, J.M. Beer, Combust. Flame, **52**, 37 (1983).

[23] S. von Gersum, P. Roth, Proceedings of 24th Symposium (International) on Combustion 1992, (Combustion Institute, Pittsburgh, Pa., 1992) 999.

[24] B. Jungfleisch: *Bestimmung der Teilcheneigenschaften von Rußpartikeln mithilfe laserdiagnostischer Methoden*, Dissertation, Universität Karlsruhe (TH), Mensch & Buch Verlag, Berlin (2002).

[25] M. Kerker: *The Scattering of Light and Other Electromagnetic Radiation*, Academic Press, New York (1969).

[26] R. Suntz: *Laserspektroskopische Untersuchung laminarer und turbulenter Flammen*, Habilitation, Universität Karlsruhe (TH) (1999).

[27] H. Bockhorn, F. Fetting, A. Heddrich, G. Wannemacher, Phys. Chem, **91**, 819 (1987).

[28] G.D. Ulrich, Combust. Sci. Techn., **4**, 47 (1971).

[29] G.M. Hidy, J. Coll. Interf. Sci., **20**, 123 (1965).

[30] T.P. Jenkins, R.K. Hanson, Combust. Flame, **126**, 1669 (2001).

[31] D.R. Snelling, K.A. Thomson, G.J. Smallwood, Ö.L. Gülder, E.J. Weckman, R.A. Fraser, AIAA Journal, **40 (9)**, 1789 (2002).

[32] E. Hecht: *Optik*, 3. Auflage, Oldenburg Verlag, München (2001).

[33] S. C. Lee, C. L. Tien, Proceedings of 18th Symposium (International) on Combustion 1980, (Combustion Institute, Pittsburgh, Pa., 1981) 1159.

[34] W.H. Dalzell, A.F. Sarofim, J. Heat Transfer, **91**, 161 (1969).

[35] S.S. Krishnan, K.C. Lin, G.M. Faeth, J. Heat Transfer, **122**, 517 (2000).

[36] Bergmann, Schäfer: *Lehrbuch der Experimentalphysik, Bd. 4 Teilchen*, de Gruyter, Berlin (1992).

[37] P. W. Atkins: *Physikalische Chemie*, VCH, Weinheim (1990).

[38] J.A. Guest, L.C. Lee, J. Phys. B, **14**, 3401 (1981).

[39] D.R. Grieser, R.H. Barnes, Appl. Opt., **19 (5)**, 741 (1980).

[40] E.P. Hassel, S. Linow, Meas. Sci. Technol., **11**, R37 (2000).

[41] G. Herzberg: *Molekülspektren und Molekülstruktur, Bd. I Zweiatomige Moleküle*, Verlag von Theodor von Steinkopf, Dresden und Leipzig (1939).

[42] Wikipedia: *Hundsche Kopplungsfälle*; http://de.wikipedia.org/wiki/Hundsche_Kopplungsfälle (17.02.2013).

[43] W. Bessler: *Quantitative Bestimmung von Stickoxid-Konzentrationsverteilungen und Temperaturen in Flammen in einem weiten Druckbereich mit Hilfe der laserinduzierten Fluoreszenz*, Dissertation, Ruprecht-Karls-Universität Heidelberg (2003).

[44] P.H. Paul, J. Quant. Spectrosc. Radiat. Transfer, **57 (5)**, 581 (1997).

[45] J.R. Reisel, C.D. Carter, N.M. Laurendeau, J. Quant. Spectrosc. Radiat. Transfer, **47 (1)**, 43 (1992).

[46] C.N. Banwell: *Fundamentals of molecular spectroscopy - 4. ed.*, McGraw-Hill, London (1994).

[47] A.C. Eckbreth: *Laser Diagnostics for Combustion Temperature and Species*, Abacus Press, Turnbridge Wells, Kent, Cambridge (1988).

[48] A.Y. Chang, M.D. DiRosa, R.K. Hanson, J. Quant. Spectrosc. Radiat. Transfer, **47 (5)**, 375 (1992).

[49] M.D. DiRosa, R.K. Hanson, J. Quant. Spectrosc. Radiat. Transfer, **52 (5)**, 515 (1994).

[50] M.D. DiRosa, R.K. Hanson, J. Mol. Spectrosc., **164**, 97 (1994).

[51] B.H. Amstrong, J. Quant. Spectrosc. Radiat. Transfer, **7**, 61 (1967).

[52] W. Demtröder: *Laserspektroskopie*, Springer-Verlag, Berlin, (2000).

[53] SCAN MATE, Test Sheet, Lambda Physik, Göttingen.

[54] M. Chou, A.M. Dean, D. Stern, J. Chem. Phys., **78 (10)**, 5962 (1983).

[55] A. Unsöld: *Physik der Sternenatmosphären*, Springer Verlag, Berlin (1968).

[56] E.A. Milne, Mon. Notes of the Roy. Ast. Soc., **85**, 111 (1924).

[57] W.G. Bessler, C. Schulz, T. Lee, J.B. Jeffries, R.K. Hanson, Appl. Opt., **41 (18)**, 3547 (2002).

[58] W.G. Bessler, C. Schulz, T. Lee, J.B. Jeffries, R.K. Hanson, Appl. Opt., **42 (12)**, 2031 (2003).

[59] W.G. Bessler, C. Schulz, T. Lee, J.B. Jeffries, R.K. Hanson, Appl. Opt., **42 (24)**, 4922 (2003).

[60] R. Schießl, persönliche Mitteilung, Institut für Technische Thermodynamik, Karlsruher Institut für Technologie (KIT) (2005).

[61] MATLAB, The MathWorks, Inc., Natick, MA (USA).

[62] J. Bortz: *Statistik*, Springer-Verlag, Berlin (1993).

[63] G. Herzberg: *Molecular Spectra and Molecular Structure, I. Spectra of Diatomic Molecules*, D. Van Nostrand Company, Inc., New York (1951).

[64] A.Y. Chang, M.D. DiRosa, D.F. Davidson, R.K. Hanson, Applied Optics, **30 (21)**, 3011 (1991).

[65] K. Lück: *Hochauflösende Laserabsorptionsspektroskopie zur Temperatur- und Konzentrationsbestimmung in laminaren Flammen*, Dissertation, TH Aachen (1977).

[66] T. Schäfer: *Chemische Interpretation und reaktionskinetische Deutung experimenteller Untersuchungen zur Rußbildung in Ethin-Sauerstoff-Argon-Flammen*, Dissertation, TH Darmstadt (1994).

[67] J.C. de Vos, Physica, **20**, 690 (1954).

[68] R.M. Pon, J.P. Hessler, Appl. Opt., **23 (7)**, 975 (1983).

[69] C.K. Ma, R.E. Bedford, A.A. Gaertner, Rev. Sci. Instruments, **72 (12)**, 4469 (2001).

[70] R.J. Kee, J.F. Grcar, M.D.Smooke, J.A. Miller: *A Fortran program for modeling steady laminar one-dimensional premixed flames*, Sandia Report, SAND85-8240 (1996).

[71] J.F. Grcar: *The Twopnt Program for Boundary Value Problems*, Sandia Report, SAND91-8230 (1992).

[72] M. Frenklach, S.J. Harris, J. Colloid Interface Sci., **118**, 252 (1987).

[73] M. Frenklach, H. Wang, M. Goldenberg, G.P. Smith, D.M. Golden, C.T. Bowman, R.K. Hanson, W.C. Gardiner, V. Lissianski, Gas Research Institute, GRI Technical Report No. GRI95/0058 (1995).

[74] F. Mauss, B. Trilken, H. Breitbach, N. Peters, in: H. Bockhorn (ed.): *Soot Formation in Combustion - Mechanisms and Models*, Springer Verlag, Berlin, 325 (1994).

[75] M.V. Smoluchowski, Z. Phys. Chem., **92**, 129 (1917).

[76] A. Kazakov, M. Frenklach, Combust. Flame, **114**, 484 (1998).

[77] H. Schlichting, K. Gersten: *Grenzschicht-Theorie*, Springer-Verlag, Berlin (2006).

[78] M. Jischa: *Konvektiver Impuls-, Wärme- und Stoffaustausch*, Friedr. Vieweg & Sohn, Braunschweig / Wiesbaden (1982).

[79] G. Stahl, J. Warnatz, Combust. Flame, **85**, 285 (1991).

[80] G. Dixon-Lewis, T. David, P.H. Gaskell, S. Fukutani, H. Jinno, J.A. Miller, R.J. Kee, M.D. Smooke, N. Peters, E. Effelsberg, J. Warnatz, F. Behrendt, Proceedings of 20th Symposium (International) on Combustion 1984, (Combustion Institute, Pittsburgh, Pa., 1984) 1893.

[81] J.A. Fay, F.R. Riddell, J. Aeronaut. Sci., **25**, 73 (1958).

[82] L. Lees, Jet Propulsion, **26**, 259 (1956).

[83] F. Durst: *Fluid Mechanics*, Springer Verlag, Berlin / Heidelberg (2010).

[84] F. Mauß: *Entwicklung eines kinetischen Modells der Rußbildung mit schneller Polymerisation*, Dissertation, RWTH Aachen (1997).

[85] R.J. Kee, J.A. Miller, G.H. Evans, G. Dixon-Lewis, Proceedings of 22nd Symposium (International) on Combustion 1988, (Combustion Institute, Pittsburgh, Pa., 1988) 1478.

[86] F. Behrendt: *Simulation laminarer Gegenstromdiffusionsflammen unter Verwendung detaillierter Reaktionsmechanismen*, Dissertation, Ruprecht-Karls-Universität Heidelberg (1989).

[87] B.C. Connelly, M.B. Long, M.D. Smooke, R.J. Hall, M.B. Colket, in: H. Bockhorn, A. D'Anna, A.F. Sarofim, H. Wang (ed.): *Combustion Generated Fine Carbonaceous Particles*, KIT Scientific Publishing, Karlsruhe (2009).

[88] I. Aarna, E.M. Suuberg, Fuel, **76**, 475 (1997).

[89] J.M. Jones, P.M. Patterson, M. Pourkashanian, A. Williams, Carbon, **37**, 1545 (1999).

[90] J. Appel, H. Bockhorn, M. Frenklach, Combust. Flame, **121**, 122 (2000).

[91] A. Schön: *Modellierung von turbulenten Kohlenwasserstoff-Sauerstoff-Diffusionsflammen und deren Beeinflussung durch reaktionstechnische Parameter*, Dissertation, Universität Karlsruhe (TH) (2005).

[92] M. Marquardt: *Laserspektroskopische Untersuchungen zur Rußbildung in laminaren und turbulenten Flammen*, Dissertation, Universität Kaiserslautern (1998).

[93] A.G. Gaydon: *The Spectroscopy of Flames (second edition)*, Chapman and Hall, London (1974).

[94] A.G. Gaydon, H.G. Wolfhard: *Flames, their structure, radiation and temperature (fourth edition)*, Chapman and Hall, London (1979).

[95] J.A. Miller, C.T. Bowman, Prog. Energy Combust. Sci., **15**, 287 (1998).

Anhang: Mechanismus der Gasphasenreaktionen

Nr.	Reaktion	A [mol, cm^3, s]	n -	Ea [cal mol^{-1}]
1.	H+O2 ⇌ O+OH	8.30E+13	.0	14413.0
2.	O+H2 ⇌ H+OH	5.00E+04	2.7	6290.0
3.	OH+H2 ⇌ H+H2O	2.16E+08	1.5	3430.0
4.	OH+OH ⇌ O+H2O	3.57E+04	2.4	-2110.0
5.	H+H+M ⇌ H2+M	1.00E+18	1.0	.0
6.	H+H+H2 ⇌ H2+H2	9.00E+16	-.6	.0
7.	H+H+H2O ⇌ H2+H2O	6.00E+19	1.2	.0
8.	H+H+CO2 ⇌ H2+CO2	5.50E+20	2.0	.0
9.	H+OH+M ⇌ H2O+M	2.20E+22	2.0	.0
10.	O+H+M ⇌ OH+M	5.00E+17	1.0	.0
11.	O+O+M ⇌ O2+M	1.20E+17	1.0	.0
12.	H+O2+M ⇌ HO2+M	2.80E+18	-.9	.0
13.	H+O2+O2 ⇌ HO2+O2	3.00E+20	1.7	.0
14.	H+O2+H2O ⇌ HO2+H2O	9.38E+18	-.8	.0
15.	H+O2+N2 ⇌ HO2+N2	3.75E+20	1.7	.0
16.	H+O2+AR ⇌ HO2+AR	7.00E+17	-.8	.0
17.	OH+OH(+M) ⇌ H2O2(+M)	7.40E+13	-.4	.0
	Parameter für die Troe-Form des *broadening*-Faktors			
	Low pressure limit: .23000E+19 -.90000E+00 -.17000E+04			
	TROE centering: .73460E+00 .94000E+02 .17560E+04 .51820E+04			
18.	HO2+H ⇌ O+H2O	3.97E+12	.0	671.0
19.	HO2+H ⇌ O2+H2	2.80E+13	.0	1068.0
20.	HO2+H ⇌ OH+OH	1.34E+14	.0	635.0
21.	HO2+O ⇌ OH+O2	2.00E+13	.0	.0
22.	HO2+OH ⇌ O2+H2O	2.90E+13	.0	-500.0
23.	HO2+HO2 ⇌ O2+H2O2	1.30E+11	.0	-1630.0
24.	HO2+HO2 ⇌ O2+H2O2	4.20E+14	.0	12000.0
25.	H2O2+H ⇌ HO2+H2	1.21E+07	2.0	5200.0
26.	H2O2+H ⇌ OH+H2O	1.00E+13	.0	3600.0
27.	H2O2+O ⇌ OH+HO2	9.63E+06	2.0	4000.0

Nr.	Reaktion	A [mol, cm^3, s]	n -	Ea [cal mol^{-1}]
28.	H2O2+OH ⇌ HO2+H2O	1.75E+12	.0	320.0
29.	H2O2+OH ⇌ HO2+H2O	5.80E+14	.0	9560.0
30.	CO+O+M ⇌ CO2+M	6.02E+14	.0	3000.0
31.	CO+OH ⇌ CO2+H	4.76E+07	1.2	70.0
32.	CO+H2(+M) ⇌ CH2O(+M)	4.30E+07	1.5	79600.0
	Parameter für die Troe-Form des *broadening*-Faktors			
	Low pressure limit: .50700E+28 -.34200E+01 .84350E+05			
	TROE centering: .93200E+00 .19700E+03 .15400E+04 .10300E+05			
33.	CO+O2 ⇌ CO2+O	2.50E+12	.0	47800.0
34.	CO+HO2 ⇌ CO2+OH	1.50E+14	.0	23600.0
35.	C+OH ⇌ CO+H	5.00E+13	.0	.0
36.	C+O2 ⇌ CO+O	5.80E+13	.0	576.0
37.	CH+H ⇌ C+H2	1.10E+14	.0	.0
38.	CH+O ⇌ CO+H	5.70E+13	.0	.0
39.	CH+OH ⇌ HCO+H	3.00E+13	.0	.0
40.	CH+H2 ⇌ CH2+H	1.11E+08	1.8	1670.0
41.	CH+H2O ⇌ CH2O+H	5.71E+12	.0	-755.0
42.	CH+O2 ⇌ HCO+O	3.30E+13	.0	.0
43.	CH+CO(+M) ⇌ HCCO(+M)	5.00E+13	.0	.0
	Parameter für die Troe-Form des *broadening*-Faktors			
	Low pressure limit: .26900E+29 -.37400E+01 .19360E+04			
	TROE centering: .57570E+00 .23700E+03 .16520E+04 .50690E+04			
44.	CH+CO2 ⇌ HCO+CO	3.40E+12	.0	690.0
45.	HCO+H(+M) ⇌ CH2O(+M)	1.09E+12	.5	-260.0
	Parameter für die Troe-Form des *broadening*-Faktors			
	Low pressure limit: .13500E+25 -.25700E+01 .14250E+04			
	TROE centering: .78240E+00 .27100E+03 .27550E+04 .65700E+04			
46.	HCO+H ⇌ CO+H2	7.34E+13	.0	.0
47.	HCO+O ⇌ CO+OH	3.00E+13	.0	.0
48.	HCO+O ⇌ CO2+H	3.00E+13	.0	.0
49.	HCO+OH ⇌ CO+H2O	5.00E+13	.0	.0
50.	HCO+M ⇌ CO+H+M	1.87E+17	1.0	17000.0
51.	HCO+O2 ⇌ CO+HO2	7.60E+12	.0	400.0
52.	CH2+H(+M) ⇌ CH3(+M)	2.50E+16	-.8	.0
	Parameter für die Troe-Form des *broadening*-Faktors			
	Low pressure limit: .32000E+28 -.31400E+01 .12300E+04			
	TROE centering: .68000E+00 .78000E+02 .19950E+04 .55900E+04			
53.	CH2+O ⇌ HCO+H	8.00E+13	.0	.0
54.	CH2+OH ⇌ CH2O+H	2.00E+13	.0	.0
55.	CH2+OH ⇌ CH+H2O	1.13E+07	2.0	3000.0
56.	CH2+H2 ⇌ H+CH3	5.00E+05	2.0	7230.0
57.	CH2+O2 ⇌ CO2+H+H	1.32E+13	.0	1500.0

Nr.	Reaktion	A [mol, cm^3, s]	n -	Ea [cal mol^{-1}]
58.	CH2+HO2 ⇌ CH2O+OH	2.00E+13	.0	.0
59.	CH2+C ⇌ C2H+H	5.00E+13	.0	.0
60.	CH2+CO(+M) ⇌ CH2CO(+M)	8.10E+11	.5	4510.0
	Parameter für die Troe-Form des *broadening*-Faktors			
	Low pressure limit: .26900E+34 -.51100E+01 .70950E+04			
	TROE centering: .59070E+00 .27500E+03 .12260E+04 .51850E+04			
61.	CH2+CH ⇌ C2H2+H	4.00E+13	.0	.0
62.	CH2+CH2 ⇌ C2H2+H2	3.20E+13	.0	.0
63.	CH2*+N2 ⇌ CH2+N2	1.50E+13	.0	600.0
64.	CH2*+AR ⇌ CH2+AR	9.00E+12	.0	600.0
65.	CH2*+H ⇌ CH+H2	3.00E+13	.0	.0
66.	CH2*+O ⇌ CO+H2	1.50E+13	.0	.0
67.	CH2*+O ⇌ HCO+H	1.50E+13	.0	.0
68.	CH2*+OH ⇌ CH2O+H	3.00E+13	.0	.0
69.	CH2*+H2 ⇌ CH3+H	7.00E+13	.0	.0
70.	CH2*+O2 ⇌ H+OH+CO	2.80E+13	.0	.0
71.	CH2*+O2 ⇌ CO+H2O	1.20E+13	.0	.0
72.	CH2*+H2O(+M) ⇌ CH3OH(+M)	2.00E+13	.0	.0
	Parameter für die Troe-Form des *broadening*-Faktors			
	Low pressure limit: .27000E+39 -.63000E+01 .31000E+04			
	TROE centering: .15070E+00 .13400E+03 .23830E+04 .72650E+04			
73.	CH2*+H2O ⇌ CH2+H2O	3.00E+13	.0	.0
74.	CH2*+CO ⇌ CH2+CO	9.00E+12	.0	.0
75.	CH2*+CO2 ⇌ CH2+CO2	7.00E+12	.0	.0
76.	CH2*+CO2 ⇌ CH2O+CO	1.40E+13	.0	.0
77.	CH2O+H(+M) ⇌ CH2OH(+M)	5.40E+11	.5	3600.0
	Parameter für die Troe-Form des *broadening*-Faktors			
	Low pressure limit: .12700E+33 -.48200E+01 .65300E+04			
	TROE centering: .71870E+00 .10300E+03 .12910E+04 .41600E+04			
78.	CH2O+H(+M) ⇌ CH3O(+M)	5.40E+11	.5	2600.0
	Parameter für die Troe-Form des *broadening*-Faktors			
	Low pressure limit: .22000E+31 -.48000E+01 .55600E+04			
	TROE centering: .75800E+00 .94000E+02 .15550E+04 .42000E+04			
79.	CH2O+H ⇌ HCO+H2	2.30E+10	1.1	3275.0
80.	CH2O+O ⇌ HCO+OH	3.90E+13	.0	3540.0
81.	CH2O+OH ⇌ HCO+H2O	3.43E+09	1.2	-447.0
82.	CH2O+O2 ⇌ HCO+HO2	1.00E+14	.0	40000.0
83.	CH2O+HO2 ⇌ HCO+H2O2	1.00E+12	.0	8000.0
84.	CH2O+CH ⇌ CH2CO+H	9.46E+13	.0	-515.0

Nr.	Reaktion	A [mol, cm^3, s]	n -	Ea [cal mol^{-1}]
85.	CH3+H(+M) ⇌ CH4(+M)	1.27E+16	-.6	383.0
	Parameter für die Troe-Form des *broadening*-Faktors			
	Low pressure limit: .24770E+34 -.47600E+01 .24400E+04			
	TROE centering: .78300E+00 .74000E+02 .29410E+04 .69640E+04			
86.	CH3+O ⇌ CH2O+H	8.43E+13	.0	.0
87.	CH3+OH(+M) ⇌ CH3OH(+M)	6.30E+13	.0	.0
	Parameter für die Troe-Form des *broadening*-Faktors			
	Low pressure limit: .27000E+39 -.63000E+01 .31000E+04			
	TROE centering: .21050E+00 .83500E+02 .53980E+04 .83700E+04			
88.	CH3+OH ⇌ CH2+H2O	5.60E+07	1.6	5420.0
89.	CH3+OH ⇌ CH2*+H2O	2.50E+13	.0	.0
90.	CH3+O2 ⇌ O+CH3O	2.68E+13	.0	28800.0
91.	CH3+O2 ⇌ OH+CH2O	3.60E+10	.0	8940.0
92.	CH3+HO2 ⇌ CH4+O2	1.00E+12	.0	.0
93.	CH3+HO2 ⇌ CH3O+OH	2.00E+13	.0	.0
94.	CH3+H2O2 ⇌ CH4+HO2	2.45E+04	2.5	5180.0
95.	CH3+C ⇌ C2H2+H	5.00E+13	.0	.0
96.	CH3+CH ⇌ C2H3+H	3.00E+13	.0	.0
97.	CH3+HCO ⇌ CH4+CO	2.65E+13	.0	.0
98.	CH3+CH2O ⇌ CH4+HCO	3.32E+03	2.8	5860.0
99.	CH3+CH2 ⇌ C2H4+H	4.00E+13	.0	.0
100.	CH3+CH2* ⇌ C2H4+H	1.20E+13	.0	-570.0
101.	CH3+CH3(+M) ⇌ C2H6(+M)	2.12E+16	1.0	620.0
	Parameter für die Troe-Form des *broadening*-Faktors			
	Low pressure limit: .17700E+51 -.96700E+01 .62200E+04			
	TROE centering: .53250E+00 .15100E+03 .10380E+04 .49700E+04			
102.	CH3+CH3 ⇌ H+C2H5	4.99E+12	.1	10600.0
103.	CH3O+H(+M) ⇌ CH3OH(+M)	5.00E+13	.0	.0
	Parameter für die Troe-Form des *broadening*-Faktors			
	Low pressure limit: .86000E+29 -.40000E+01 .30250E+04			
	TROE centering: .89020E+00 .14400E+03 .28380E+04 .45569E+05			
104.	CH3O+H ⇌ CH2OH+H	3.40E+06	1.6	.0
105.	CH3O+H ⇌ CH2O+H2	2.00E+13	.0	.0
106.	CH3O+H ⇌ CH3+OH	3.20E+13	.0	.0
107.	CH3O+H ⇌ CH2*+H2O	1.60E+13	.0	.0
108.	CH3O+O ⇌ CH2O+OH	1.00E+13	.0	.0
109.	CH3O+OH ⇌ CH2O+H2O	5.00E+12	.0	.0
110.	CH3O+O2 ⇌ CH2O+HO2	4.28E-13	7.6	-3530.0
111.	CH2OH+H(+M) ⇌ CH3OH(+M)	1.80E+13	.0	.0
	Parameter für die Troe-Form des *broadening*-Faktors			
	Low pressure limit: .30000E+32 -.48000E+01 .33000E+04			
	TROE centering: .76790E+00 .33800E+03 .18120E+04 .50810E+04			

Nr.	Reaktion	A [mol, cm³, s]	n -	Ea [cal mol⁻¹]
112.	CH2OH+H ⇌ CH2O+H2	2.00E+13	.0	.0
113.	CH2OH+H ⇌ CH3+OH	1.20E+13	.0	.0
114.	CH2OH+H ⇌ CH2*+H2O	6.00E+12	.0	.0
115.	CH2OH+O ⇌ CH2O+OH	1.00E+13	.0	.0
116.	CH2OH+OH ⇌ CH2O+H2O	5.00E+12	.0	.0
117.	CH2OH+O2 ⇌ CH2O+HO2	1.80E+13	.0	900.0
118.	CH4+H ⇌ CH3+H2	6.60E+08	1.6	10840.0
119.	CH4+O ⇌ CH3+OH	1.02E+09	1.5	8600.0
120.	CH4+OH ⇌ CH3+H2O	1.00E+08	1.6	3120.0
121.	CH4+CH ⇌ C2H4+H	6.00E+13	.0	.0
122.	CH4+CH2 ⇌ CH3+CH3	2.46E+06	2.0	8270.0
123.	CH4+CH2* ⇌ CH3+CH3	1.60E+13	.0	-570.0
124.	CH3OH+H ⇌ CH2OH+H2	1.70E+07	2.1	4870.0
125.	CH3OH+H ⇌ CH3O+H2	4.20E+06	2.1	4870.0
126.	CH3OH+O ⇌ CH2OH+OH	3.88E+05	2.5	3100.0
127.	CH3OH+O ⇌ CH3O+OH	1.30E+05	2.5	5000.0
128.	CH3OH+OH ⇌ CH2OH+H2O	1.44E+06	2.0	-840.0
129.	CH3OH+OH ⇌ CH3O+H2O	6.30E+06	2.0	1500.0
130.	CH3OH+CH3 ⇌ CH2OH+CH4	3.00E+07	1.5	9940.0
131.	CH3OH+CH3 ⇌ CH3O+CH4	1.00E+07	1.5	9940.0
132.	C2H+H(+M) ⇌ C2H2(+M)	1.00E+17	1.0	.0
	Parameter für die Troe-Form des *broadening*-Faktors			
	Low pressure limit: .37500E+34 -.48000E+01 .19000E+04			
	TROE centering: .64640E+00 .13200E+03 .13150E+04 .55660E+04			
133.	C2H+O ⇌ CH+CO	5.00E+13	.0	.0
134.	C2H+OH ⇌ H+HCCO	2.00E+13	.0	.0
135.	C2H+O2 ⇌ HCO+CO	5.00E+13	.0	1500.0
136.	C2H+H2 ⇌ H+C2H2	4.90E+05	2.5	560.0
137.	HCCO+H ⇌ CH2*+CO	1.00E+14	.0	.0
138.	HCCO+O ⇌ H+CO+CO	1.00E+14	.0	.0
139.	HCCO+O2 ⇌ OH+2CO	1.60E+12	.0	854.0
140.	HCCO+CH ⇌ C2H2+CO	5.00E+13	.0	.0
141.	HCCO+CH2 ⇌ C2H3+CO	3.00E+13	.0	.0
142.	HCCO+HCCO ⇌ C2H2+CO+CO	1.00E+13	.0	.0
143.	C2H2+H(+M) ⇌ C2H3(+M)	5.60E+12	.0	2400.0
	Parameter für die Troe-Form des *broadening*-Faktors			
	Low pressure limit: .38000E+41 -.72700E+01 .72200E+04			
	TROE centering: .75070E+00 .98500E+02 .13020E+04 .41670E+04			
144.	C2H2+O ⇌ HCCO+H	1.02E+07	2.0	1900.0
145.	C2H2+O ⇌ C2H+OH	4.60E+19	1.4	28950.0
146.	C2H2+O ⇌ CH2+CO	1.02E+07	2.0	1900.0
147.	C2H2+OH ⇌ CH2CO+H	2.18E-04	4.5	-1000.0

Nr.	Reaktion	A [mol, cm^3, s]	n -	Ea [cal mol^{-1}]
148.	C2H2+OH ⇌ HCCOH+H	5.04E+05	2.3	13500.0
149.	C2H2+OH ⇌ C2H+H2O	3.37E+07	2.0	14000.0
150.	C2H2+OH ⇌ CH3+CO	4.83E-04	4.0	-2000.0
151.	CH2CO+H ⇌ HCCO+H2	5.00E+13	.0	8000.0
152.	CH2CO+H ⇌ CH3+CO	1.13E+13	.0	3428.0
153.	CH2CO+O ⇌ HCCO+OH	1.00E+13	.0	8000.0
154.	CH2CO+O ⇌ CH2+CO2	1.75E+12	.0	1350.0
155.	CH2CO+OH ⇌ HCCO+H2O	7.50E+12	.0	2000.0
156.	HCCOH+H ⇌ CH2CO+H	1.00E+13	.0	.0
157.	C2H3+H(+M) ⇌ C2H4(+M)	6.08E+12	.3	280.0
	Parameter für die Troe-Form des *broadening*-Faktors			
	Low pressure limit: .14000E+31 -.38600E+01 .33200E+04			
	TROE centering: .78200E+00 .20750E+03 .26630E+04 .60950E+04			
158.	C2H3+H ⇌ C2H2+H2	4.00E+13	.0	.0
159.	C2H3+O ⇌ CH2CO+H	3.00E+13	.0	.0
160.	C2H3+OH ⇌ C2H2+H2O	2.00E+13	.0	.0
161.	C2H3+O2 ⇌ C2H2+HO2	1.12E+08	.9	200.0
162.	C2H3+O2 ⇌ C2H3O+O	3.64E+11	.3	101.0
163.	C2H3+O2 ⇌ HCO+CH2O	4.58E+16	1.4	1015.0
164.	C2H4(+M) ⇌ H2+C2H2(+M)	8.00E+12	.4	88770.0
	Parameter für die Troe-Form des *broadening*-Faktors			
	Low pressure limit: .70000E+51 -.93100E+01 .99860E+05			
	TROE centering: .73450E+00 .18000E+03 .10350E+04 .54170E+04			
165.	C2H4+H(+M) ⇌ C2H5(+M)	1.08E+12	.5	1820.0
	Parameter für die Troe-Form des *broadening*-Faktors			
	Low pressure limit: .12000E+43 -.76200E+01 .69700E+04			
	TROE centering: .97530E+00 .21000E+03 .98400E+03 .43740E+04			
166.	C2H4+H ⇌ C2H3+H2	1.32E+06	2.5	12240.0
167.	C2H4+O ⇌ CH3+HCO	1.92E+07	1.8	220.0
168.	C2H4+OH ⇌ C2H3+H2O	3.60E+06	2.0	2500.0
169.	C2H4+CH3 ⇌ C2H3+CH4	2.27E+05	2.0	9200.0
170.	C2H5+H(+M) ⇌ C2H6(+M)	5.21E+17	1.0	1580.0
	Parameter für die Troe-Form des *broadening*-Faktors			
	Low pressure limit: .19900E+42 -.70800E+01 .66850E+04			
	TROE centering: .84220E+00 .12500E+03 .22190E+04 .68820E+04			
171.	C2H5+H ⇌ C2H4+H2	2.00E+12	.0	.0
172.	C2H5+O ⇌ CH3+CH2O	1.32E+14	.0	.0
173.	C2H5+O2 ⇌ C2H4+HO2	8.40E+11	.0	3875.0
174.	C2H6+H ⇌ C2H5+H2	1.15E+08	1.9	7530.0
175.	C2H6+O ⇌ C2H5+OH	8.98E+07	1.9	5690.0
176.	C2H6+OH ⇌ C2H5+H2O	3.54E+06	2.1	870.0
177.	C2H6+CH2* ⇌ C2H5+CH3	4.00E+13	.0	-550.0

Nr.	Reaktion	A [mol, cm^3, s]	n -	Ea [cal mol^{-1}]
178.	C2H6+CH3 ⇌ C2H5+CH4	6.14E+06	1.7	10450.0
179.	N+NO ⇌ N2+O	3.50E+13	.0	330.0
180.	N+O2 ⇌ NO+O	2.65E+12	.0	6400.0
181.	N+OH ⇌ NO+H	7.33E+13	.0	1120.0
182.	N2O+O ⇌ N2+O2	1.40E+12	.0	10810.0
183.	N2O+O ⇌ 2NO	2.90E+13	.0	23150.0
184.	N2O+H ⇌ N2+OH	4.40E+14	.0	18880.0
185.	N2O+OH ⇌ N2+HO2	2.00E+12	.0	21060.0
186.	N2O(+M) ⇌ N2+O(+M)	1.30E+11	.0	59620.0
	Parameter für die Troe-Form des *broadening*-Faktors			
	Low pressure limit: 6.200E+14 .00000E+00 5.61000E+04			
	TROE centering: .50000E+00 .20000E+04 .10000E+02 .10000E+05			
187.	HO2+NO ⇌ NO2+OH	2.11E+12	.0	-480.0
188.	NO+O+M ⇌ NO2+M	1.06E+20	-1.4	.0
189.	NO2+O ⇌ NO+O2	3.90E+12	.0	-240.0
190.	NO2+H ⇌ NO+OH	1.32E+14	.0	360.0
191.	NH+O ⇌ NO+H	5.00E+13	.0	.0
192.	NH+H ⇌ N+H2	3.20E+13	.0	330.0
193.	NH+OH ⇌ HNO+H	2.00E+13	.0	.0
194.	NH+OH ⇌ N+H2O	2.00E+09	1.2	.0
195.	NH+O2 ⇌ HNO+O	4.61E+05	2.0	6500.0
196.	NH+O2 ⇌ NO+OH	1.28E+06	1.5	100.0
197.	NH+N ⇌ N2+H	1.50E+13	.0	.0
198.	NH+H2O ⇌ HNO+H2	2.00E+13	.0	13850.0
199.	NH+NO ⇌ N2+OH	2.16E+13	-.2	.0
200.	NH+NO ⇌ N2O+H	4.16E+14	-.4	.0
201.	NH2+O ⇌ OH+NH	7.00E+12	.0	.0
202.	NH2+O ⇌ H+HNO	4.60E+13	.0	.0
203.	NH2+H ⇌ NH+H2	4.00E+13	.0	3650.0
204.	NH2+OH ⇌ NH+H2O	9.00E+07	1.5	-460.0
205.	NNH ⇌ N2+H	3.30E+08	.0	.0
206.	NNH+M ⇌ N2+H+M	1.30E+14	-.1	4980.0
207.	NNH+O2 ⇌ HO2+N2	5.00E+12	.0	.0
208.	NNH+O ⇌ OH+N2	2.50E+13	.0	.0
209.	NNH+O ⇌ NH+NO	7.00E+13	.0	.0
210.	NNH+H ⇌ H2+N2	5.00E+13	.0	.0
211.	NNH+OH ⇌ H2O+N2	2.00E+13	.0	.0
212.	NNH+CH3 ⇌ CH4+N2	2.50E+13	.0	.0
213.	H+NO+M ⇌ HNO+M	8.95E+19	-1.3	740.0
214.	HNO+O ⇌ NO+OH	2.50E+13	.0	.0
215.	HNO+H ⇌ H2+NO	4.50E+11	.7	660.0

Nr.	Reaktion	A [mol, cm^3, s]	n -	Ea [cal mol^{-1}]
216.	HNO+OH ⇌ NO+H2O	1.30E+07	1.9	-950.0
217.	HNO+O2 ⇌ HO2+NO	1.00E+13	.0	13000.0
218.	CN+O ⇌ CO+N	7.70E+13	.0	.0
219.	CN+OH ⇌ NCO+H	4.00E+13	.0	.0
220.	CN+H2O ⇌ HCN+OH	8.00E+12	.0	7460.0
221.	CN+O2 ⇌ NCO+O	6.14E+12	.0	-440.0
222.	CN+H2 ⇌ HCN+H	2.10E+13	.0	4710.0
223.	NCO+O ⇌ NO+CO	2.35E+13	.0	.0
224.	NCO+H ⇌ NH+CO	5.40E+13	.0	.0
225.	NCO+OH ⇌ NO+H+CO	2.50E+12	.0	.0
226.	NCO+N ⇌ N2+CO	2.00E+13	.0	.0
227.	NCO+O2 ⇌ NO+CO2	2.00E+12	.0	20000.0
228.	NCO+M ⇌ N+CO+M	8.80E+16	-.5	48000.0
229.	NCO+NO ⇌ N2O+CO	2.85E+17	-1.5	740.0
230.	NCO+NO ⇌ N2+CO2	5.70E+18	-2.0	800.0
231.	HCN+M ⇌ H+CN+M	1.04E+29	-3.3	126600.0
232.	HCN+O ⇌ NCO+H	1.10E+04	2.6	4980.0
233.	HCN+O ⇌ NH+CO	2.76E+03	2.6	4980.0
234.	HCN+O ⇌ CN+OH	2.13E+09	1.6	26600.0
235.	HCN+OH ⇌ HOCN+H	1.10E+06	2.0	13370.0
236.	HCN+OH ⇌ HNCO+H	4.40E+03	2.3	6400.0
237.	HCN+OH ⇌ NH2+CO	1.60E+02	2.6	9000.0
238.	H+HCN+M ⇌ H2CN+M	1.40E+26	-3.4	1900.0
239.	H2CN+N ⇌ N2+CH2*	6.00E+13	.0	400.0
240.	C+N2 ⇌ CN+N	6.30E+13	.0	46020.0
241.	CH+N2 ⇌ HCN+N	2.85E+08	1.1	20400.0
242.	CH+N2(+M) ⇌ HCNN(+M)	3.10E+12	.1	.0
	Parameter für die Troe-Form des *broadening*-Faktors			
	Low pressure limit: 1.30E+25 -3.160E+00 7.40000E+02			
	TROE centering: .667E+00 2.3500E+02 2.11700E+03 4.5360E+03			
243.	CH2*+N2 ⇌ HCN+NH	1.00E+13	.0	74000.0
244.	CH2 +N2 ⇌ NH+HCN	1.00E+11	.0	65000.0
245.	C+NO ⇌ CN+O	1.90E+13	.0	.0
246.	C+NO ⇌ CO+N	2.90E+13	.0	.0
247.	CH+NO ⇌ HCN+O	5.00E+13	.0	.0
248.	CH+NO ⇌ H+NCO	2.00E+13	.0	.0
249.	CH+NO ⇌ N+HCO	3.00E+13	.0	.0
250.	CH2*+NO ⇌ H+HNCO	3.10E+17	-1.4	1270.0
251.	CH2*+NO ⇌ OH+HCN	2.90E+14	-.7	760.0
252.	CH2*+NO ⇌ H+HCNO	3.80E+13	-.3	580.0
253.	CH2+NO ⇌ H+HNCO	3.10E+17	-1.4	1270.0
254.	CH2+NO ⇌ OH+HCN	2.90E+14	-.7	760.0

Nr.	Reaktion	A [mol, cm^3, s]	n -	Ea [cal mol^{-1}]
255.	CH2+NO ⇌ H+HCNO	3.80E+13	-.4	580.0
256.	CH3+NO ⇌ HCN+H2O	9.60E+13	.0	28800.0
257.	CH3+NO ⇌ H2CN+OH	1.00E+12	.0	21750.0
258.	HCNN+O ⇌ CO+H+N2	2.20E+13	.0	.0
259.	HCNN+O ⇌ HCN+NO	2.00E+12	.0	.0
260.	HCNN+O2 ⇌ O+HCO+N2	1.20E+13	.0	.0
261.	HCNN+OH ⇌ H+HCO+N2	1.20E+13	.0	.0
262.	HCNN+H ⇌ CH2*+N2	1.00E+14	.0	.0
263.	HNCO+O ⇌ NH+CO2	9.80E+07	1.4	8500.0
264.	HNCO+O ⇌ HNO+CO	1.50E+08	1.6	44000.0
265.	HNCO+O ⇌ NCO+OH	2.20E+06	2.1	11400.0
266.	HNCO+H ⇌ NH2+CO	2.25E+07	1.7	3800.0
267.	HNCO+H ⇌ H2+NCO	1.05E+05	2.5	13300.0
268.	HNCO+OH ⇌ NCO+H2O	4.65E+12	.0	6850.0
269.	HNCO+OH ⇌ NH2+CO2	1.55E+12	.0	6850.0
270.	HNCO+M ⇌ NH+CO+M	1.18E+16	.0	84720.0
273.	HCNO+H ⇌ H+HNCO	2.10E+15	-.7	2850.0
274.	HCNO+H ⇌ OH+HCN	2.70E+11	.2	2120.0
275.	HCNO+H ⇌ NH2+CO	1.70E+14	-.7	2890.0
276.	HOCN+H ⇌ H+HNCO	2.00E+07	2.0	2000.0
277.	HCCO+NO ⇌ HCNO+CO	2.35E+13	.0	.0
278.	CH3+N ⇌ H2CN+H	6.10E+14	-.3	290.0
279.	CH3+N ⇌ HCN+H2	3.70E+12	.1	-90.0
280.	NH3+H ⇌ NH2+H2	5.40E+05	2.4	9915.0
281.	NH3+OH ⇌ NH2+H2O	5.00E+07	1.6	955.0
282.	NH3+O ⇌ NH2+OH	9.40E+06	1.9	6460.0
283.	HCCO+OH ⇌ C2O+H2O	3.00E+13	.0	.0
284.	C2O+H ⇌ CH+CO	5.00E+13	.0	.0
285.	C2O+O ⇌ CO+CO	5.00E+13	.0	.0
286.	C2O+OH ⇌ CO+CO+H	2.00E+13	.0	.0
287.	C2O+O2 ⇌ CO+CO+O	2.00E+13	.0	.0
288.	CH2CO+H ⇌ C2H3O	5.40E+11	.5	1820.0
289.	C2H3O+H ⇌ CH2CO+H2	1.00E+13	.0	.0
290.	C2H3O+O ⇌ CH2O+HCO	9.60E+06	1.8	220.0
291.	C2H3O+O ⇌ CH2CO+OH	1.00E+13	.0	.0
292.	C2H3O+OH ⇌ CH2CO+H2O	5.00E+12	.0	.0
293.	CH3+HCCO ⇌ C2H4+CO	5.00E+13	.0	.0
294.	CH3+C2H ⇌ C3H3+H	2.41E+13	.0	.0
295.	CH4+C2H ⇌ C2H2+CH3	1.81E+12	.0	500.0
296.	C2H2+CH ⇌ C3H2+H	3.00E+13	.0	.0
297.	C2H2+CH2 ⇌ C3H3+H	2.40E+13	.0	6620.0
298.	C2H2+CH2* ⇌ C3H3+H	4.00E+13	.0	.0

Nr.	Reaktion	A [mol, cm^3, s]	n -	Ea [cal mol^{-1}]
299.	C2H2+CH3 ⇌ AC3H4+H	5.72E+20	2.4	31500.0
300.	C2H2+CH3 ⇌ PC3H4+H	2.72E+18	2.0	20200.0
301.	C2H2+C2H ⇌ C4H2+H	9.60E+13	.0	.0
302.	C2H2+C2H ⇌ n-C4H3	4.50E+37	7.7	7100.0
303.	C2H2+C2H ⇌ i-C4H3	2.60E+44	9.5	14650.0
304.	C2H2+C2H3 ⇌ C4H4+H	2.00E+18	1.7	10600.0
305.	C2H2+C2H3 ⇌ n-C4H5	9.30E+38	8.8	12000.0
306.	C2H2+C2H3 ⇌ i-C4H5	1.60E+46	1.0	18600.0
307.	C2H4+C2H ⇌ C4H4+H	1.20E+13	.0	.0
308.	C2H4+C2H3 ⇌ C4H6+H	2.80E+21	2.4	14720.0
309.	C2H2+HCCO ⇌ C3H3+CO	1.00E+11	.0	3000.0
310.	C2H4+O2 ⇌ C2H3+HO2	4.22E+13	.0	60800.0
311.	C2H3+H2O2 ⇌ C2H4+HO2	1.21E+10	.0	-596.0
312.	C2H3+HCO ⇌ C2H4+CO	2.50E+13	.0	.0
313.	C2H3+CH3 ⇌ C2H2+CH4	3.92E+11	.0	.0
314.	C2H3+C2H3 ⇌ C4H6	1.50E+42	8.8	12483.0
315.	C2H3+C2H3 ⇌ i-C4H5+H	1.20E+22	2.4	13654.0
316.	C2H3+C2H3 ⇌ n-C4H5+H	2.40E+20	2.0	15361.0
317.	C3H2+O ⇌ C2H2+CO	6.80E+13	.0	.0
318.	C3H2+OH ⇌ HCO+C2H2	6.80E+13	.0	.0
319.	C3H2+O2 ⇌ HCCO+CO+H	5.00E+13	.0	.0
320.	C3H2+CH ⇌ C4H2+H	5.00E+13	.0	.0
321.	C3H2+CH2 ⇌ n-C4H3+H	5.00E+13	.0	.0
322.	C3H2+CH3 ⇌ C4H4+H	5.00E+12	.0	.0
323.	C3H2+HCCO ⇌ n-C4H3+CO	1.00E+13	.0	.0
324.	C3H3+H(+M) ⇌ AC3H4(+M)	3.00E+13	.0	.0
	Parameter für die Troe-Form des *broadening*-Faktors			
	Low pressure limit: .14000E+32 -.50000E+01 -.60000E+04			
	TROE centering: .50000E+00 .20000E+04 .10000E+02 .10000E+05			
325.	C3H3+H(+M) ⇌ PC3H4(+M)	3.00E+13	.0	.0
	Parameter für die Troe-Form des *broadening*-Faktors			
	Low pressure limit: .14000E+32 -.50000E+01 -.60000E+04			
	TROE centering: .50000E+00 .20000E+04 .10000E+02 .10000E+05			
326.	C3H3+O ⇌ CH2O+C2H	2.00E+13	.0	.0
327.	C3H3+OH ⇌ C3H2+H2O	2.00E+13	.0	.0
328.	C3H3+OH ⇌ C2H3+HCO	4.00E+13	.0	.0
329.	C3H3+O2 ⇌ CH2CO+HCO	3.00E+10	.0	2878.0
330.	C3H3+HO2 ⇌ AC3H4+O2	1.00E+12	.0	.0
331.	C3H3+HO2 ⇌ PC3H4+O2	1.00E+12	.0	.0
332.	C3H3+HCO ⇌ AC3H4+CO	2.50E+13	.0	.0
333.	C3H3+HCO ⇌ PC3H4+CO	2.50E+13	.0	.0
334.	C3H3+CH ⇌ i-C4H3+H	5.00E+13	.0	.0

Nr.	Reaktion	A [mol, cm^3, s]	n -	Ea [cal mol^{-1}]
335.	C3H3+CH2 $\rightleftharpoons$ C4H4+H	2.00E+13	.0	.0
336.	i-C4H5+H $\rightleftharpoons$ C3H3+CH3	2.00E+13	.0	2000.0
337.	C3H3+CH3(+M) $\rightleftharpoons$ C4H612(+M)	1.50E+13	.0	.0
	Parameter für die Troe-Form des *broadening*-Faktors			
	Low pressure limit: .26000E+59 -.11940E+02 .97700E+04			
	TROE centering: .17500E+00 .13406E+04 .60000E+05 .97698E+04			
338.	C3H3+C3H3 $\rightarrow$ A1	5.00E+12	.0	.0
339.	AC3H4+H $\rightleftharpoons$ C3H3+H2	5.75E+07	1.9	7530.0
340.	AC3H4+O $\rightleftharpoons$ CH2CO+CH2	2.00E+07	1.8	1000.0
341.	AC3H4+OH $\rightleftharpoons$ C3H3+H2O	5.30E+06	2.0	2000.0
342.	AC3H4+C2H $\rightleftharpoons$ C2H2+C3H3	1.00E+13	.0	.0
343.	PC3H4+H $\rightleftharpoons$ C3H3+H2	1.15E+08	1.9	7530.0
344.	PC3H4+OH $\rightleftharpoons$ C3H3+H2O	3.54E+06	2.1	870.0
345.	PC3H4+C2H $\rightleftharpoons$ C2H2+C3H3	1.00E+13	.0	.0
346.	C4H+H(+M) $\rightleftharpoons$ C4H2(+M)	1.00E+17	1.0	.0
	Parameter für die Troe-Form des *broadening*-Faktors			
	Low pressure limit: .37500E+34 -.48000E+01 .19000E+04			
	TROE centering: .64640E+00 .13200E+03 .13150E+04 .55660E+04			
347.	C4H+C2H2 $\rightleftharpoons$ C6H2+H	9.60E+13	.0	.0
348.	C4H+O $\rightleftharpoons$ C2H+C2O	5.00E+13	.0	.0
349.	C4H+O2 $\rightleftharpoons$ HCCO+C2O	5.00E+13	.0	1500.0
350.	C4H+H2 $\rightleftharpoons$ H+C4H2	4.90E+05	2.5	560.0
351.	C4H2+H $\rightleftharpoons$ n-C4H3	1.10E+42	8.7	15300.0
352.	C4H2+H $\rightleftharpoons$ i-C4H3	1.10E+30	4.9	10800.0
353.	C4H2+O $\rightleftharpoons$ C3H2+CO	2.70E+13	.0	1720.0
354.	C4H2+OH $\rightleftharpoons$ H2C4O+H	6.60E+12	.0	-410.0
355.	C4H2+OH $\rightleftharpoons$ C4H+H2O	3.37E+07	2.0	14000.0
356.	C4H2+CH $\rightleftharpoons$ C5H2+H	5.00E+13	.0	.0
357.	C4H2+CH2 $\rightleftharpoons$ C5H3+H	1.30E+13	.0	6620.0
358.	C4H2+CH2* $\rightleftharpoons$ C5H3+H	2.00E+13	.0	.0
359.	C4H2+C2H $\rightleftharpoons$ C6H2+H	9.60E+13	.0	.0
360.	C4H2+C2H $\rightleftharpoons$ C6H3	4.50E+37	7.7	7100.0
361.	H2C4O+H $\rightleftharpoons$ C2H2+HCCO	5.00E+13	.0	3000.0
362.	H2C4O+OH $\rightleftharpoons$ CH2CO+HCCO	1.00E+07	2.0	2000.0
363.	H2C4O+O $\rightleftharpoons$ CH2CO+C2O	2.00E+07	1.9	200.0
364.	n-C4H3 $\rightleftharpoons$ i-C4H3	4.10E+43	9.5	53000.0
365.	n-C4H3+H $\rightleftharpoons$ i-C4H3+H	2.50E+20	1.7	10800.0
366.	n-C4H3+H $\rightleftharpoons$ C2H2+C2H2	6.30E+25	3.3	10014.0
367.	i-C4H3+H $\rightleftharpoons$ C2H2+C2H2	2.80E+23	2.5	10780.0
368.	n-C4H3+H $\rightleftharpoons$ C4H4	2.00E+47	0.3	13070.0
369.	i-C4H3+H $\rightleftharpoons$ C4H4	3.40E+43	9.0	12120.0
370.	n-C4H3+H $\rightleftharpoons$ C4H2+H2	1.50E+13	.0	.0

Nr.	Reaktion	A [mol, cm^3, s]	n -	Ea [cal mol^{-1}]
371.	i-C4H3+H ⇌ C4H2+H2	3.00E+13	.0	.0
372.	n-C4H3+OH ⇌ C4H2+H2O	2.50E+12	.0	.0
373.	i-C4H3+OH ⇌ C4H2+H2O	5.00E+12	.0	.0
374.	i-C4H3+O2 ⇌ HCCO+CH2CO	7.86E+16	1.8	.0
375.	n-C4H3+C2H2 ⇌ l-C6H4+H	2.50E+14	-.6	10600.0
376.	n-C4H3+C2H2 ⇌ n-C6H5	2.70E+36	7.6	16200.0
377.	n-C4H3+C2H2 ⇌ A1-	9.60E+70	7.8	31300.0
378.	n-C4H3+C2H2 ⇌ c-C6H4+H	6.90E+46	0.0	30100.0
379.	C4H4+H ⇌ n-C4H5	1.30E+51	1.9	16500.0
380.	C4H4+H ⇌ i-C4H5	4.90E+51	1.9	17700.0
381.	C4H4+H ⇌ n-C4H3+H2	6.65E+05	2.5	12240.0
382.	C4H4+H ⇌ i-C4H3+H2	3.33E+05	2.5	9240.0
383.	C4H4+OH ⇌ n-C4H3+H2O	3.10E+06	2.0	3430.0
384.	C4H4+OH ⇌ i-C4H3+H2O	1.55E+06	2.0	430.0
385.	C4H4+O ⇌ PC3H4+CO	3.00E+13	.0	1808.0
386.	C4H4+C2H3 ⇌ l-C6H6+H	2.80E+21	2.4	14720.0
387.	n-C4H5 ⇌ i-C4H5	1.50E+67	6.9	59100.0
388.	n-C4H5+H ⇌ i-C4H5+H	3.10E+26	3.4	17423.0
389.	C4H6 ⇌ i-C4H5+H	5.70E+36	6.3	112353.0
390.	C4H6 ⇌ n-C4H5+H	5.30E+44	8.6	123608.0
391.	n-C4H5+H ⇌ C4H4+H2	1.50E+13	.0	.0
392.	i-C4H5+H ⇌ C4H4+H2	3.00E+13	.0	.0
393.	n-C4H5+OH ⇌ C4H4+H2O	2.50E+12	.0	.0
394.	i-C4H5+OH ⇌ C4H4+H2O	5.00E+12	.0	.0
395.	n-C4H5+O2 → C2H4+CO+HCO	4.16E+10	.0	2500.0
396.	i-C4H5+O2 ⇌ CH2CO+C2H3O	7.86E+16	1.8	.0
397.	n-C4H5+C2H2 ⇌ n-C6H7	1.10E+14	1.3	2900.0
398.	n-C4H5+C2H2 ⇌ c-C6H7	5.00E+24	5.5	4600.0
399.	n-C4H5+C2H2 ⇌ l-C6H6+H	5.80E+08	1.0	10900.0
400.	n-C4H5+C2H2 ⇌ A1+H	1.60E+16	1.3	5400.0
401.	C4H6+H ⇌ n-C4H5+H2	1.33E+06	2.5	12240.0
402.	C4H6+H ⇌ i-C4H5+H2	6.65E+05	2.5	9240.0
403.	C4H6+OH ⇌ n-C4H5+H2O	6.20E+06	2.0	3430.0
404.	C4H6+OH ⇌ i-C4H5+H2O	3.10E+06	2.0	430.0
405.	C4H6+C2H3 ⇌ C6H8+H	2.80E+21	2.4	14720.0
406.	C4H612+H ⇌ C4H6+H	2.00E+13	.0	4000.0
407.	C4H612+H ⇌ i-C4H5+H2	1.70E+05	2.5	2490.0
408.	C4H612+H ⇌ AC3H4+CH3	8.00E+13	.0	1000.0
409.	C4H612+O ⇌ CH2CO+C2H4	1.20E+08	1.6	327.0
410.	C4H612+O ⇌ i-C4H5+OH	1.80E+11	.7	5880.0
411.	C4H612+OH ⇌ i-C4H5+H2O	3.10E+06	2.0	-298.0
412.	C5H2+OH → C4H2+H+CO	2.00E+13	.0	.0

Nr.	Reaktion	A [mol, cm^3, s]	n -	Ea [cal mol^{-1}]
413.	C5H2+CH ⇌ C6H2+H	5.00E+13	.0	.0
414.	C5H2+O2 ⇌ H2C4O+CO	1.00E+12	.0	.0
415.	C5H3+OH ⇌ C5H2+H2O	1.00E+13	.0	.0
416.	C5H3+CH ⇌ C6H2+H+H	5.00E+13	.0	.0
417.	C5H3+CH2 ⇌ l-C6H4+H	5.00E+13	.0	.0
418.	C5H3+O2 ⇌ H2C4O+HCO	1.00E+12	.0	.0
419.	C6H+H(+M) ⇌ C6H2(+M)	1.00E+17	1.0	.0
	Parameter für die Troe-Form des *broadening*-Faktors			
	Low pressure limit: .37500E+34 -.48000E+01 .19000E+04			
	TROE centering: .64640E+00 .13200E+03 .13150E+04 .55660E+04			
420.	C6H2+H ⇌ C6H3	1.10E+30	4.9	10800.0
421.	C6H+O ⇌ C4H+C2O	5.00E+13	.0	.0
422.	C6H+H2 ⇌ H+C6H2	4.90E+05	2.5	560.0
423.	C6H2+O ⇌ C5H2+CO	2.70E+13	.0	1720.0
424.	C6H2+OH → C2H+C2H2+C2O	6.60E+12	.0	-410.0
425.	C6H2+OH ⇌ C6H+H2O	3.37E+07	2.0	14000.0
426.	C6H3+H ⇌ C4H2+C2H2	2.80E+23	2.5	10780.0
427.	C6H3+H ⇌ l-C6H4	3.40E+43	9.0	12120.0
428.	C6H3+H ⇌ C6H2+H2	3.00E+13	.0	.0
429.	C6H3+OH ⇌ C6H2+H2O	5.00E+12	.0	.0
430.	C6H3+O2 → CO+C3H2+HCCO	5.00E+11	.0	.0
431.	l-C6H4+H ⇌ n-C6H5	5.90E+39	8.2	15600.0
432.	l-C6H4+H ⇌ A1-	1.70E+78	9.7	31400.0
433.	l-C6H4+H ⇌ c-C6H4+H	1.40E+54	1.7	34500.0
434.	l-C6H4+H ⇌ C6H3+H2	6.65E+06	2.5	9240.0
435.	l-C6H4+OH ⇌ C6H3+H2O	3.10E+06	2.0	430.0
436.	c-C6H4+H ⇌ A1	2.40E+60	3.7	29500.0
437.	n-C6H5 ⇌ A1-	5.10E+54	3.1	35700.0
438.	n-C6H5 ⇌ c-C6H4+H	1.30E+59	3.6	62000.0
439.	n-C6H5+H ⇌ i-C6H5+H	2.50E+20	1.7	10800.0
440.	n-C6H5+H ⇌ C4H4+C2H2	6.30E+25	3.3	10014.0
441.	i-C6H5+H ⇌ C4H4+C2H2	2.80E+23	2.5	10780.0
442.	n-C6H5+H ⇌ l-C6H6	2.00E+47	0.3	13070.0
443.	i-C6H5+H ⇌ l-C6H6	3.40E+43	9.0	12120.0
444.	n-C6H5+H ⇌ l-C6H4+H2	1.50E+13	.0	.0
445.	i-C6H5+H ⇌ l-C6H4+H2	3.00E+13	.0	.0
446.	n-C6H5+OH ⇌ l-C6H4+H2O	2.50E+12	.0	.0
447.	i-C6H5+OH ⇌ l-C6H4+H2O	5.00E+12	.0	.0
448.	n-C6H5+O2 → C4H4+CO+HCO	4.16E+10	.0	2500.0
449.	i-C6H5+O2 → CH2CO+CH2CO+C2H	7.86E+16	1.8	.0
450.	l-C6H6+H ⇌ n-C6H7	1.50E+16	1.7	1600.0
451.	l-C6H6+H ⇌ c-C6H7	4.70E+27	6.1	3800.0

Nr.	Reaktion	A [mol, cm^3, s]	n -	Ea [cal mol^{-1}]
452.	l-C6H6+H ⇌ A1+H	2.00E+18	1.7	4500.0
453.	l-C6H6+H ⇌ n-C6H5+H2	6.65E+05	2.5	12240.0
454.	l-C6H6+H ⇌ i-C6H5+H2	3.33E+05	2.5	9240.0
455.	l-C6H6+OH ⇌ n-C6H5+H2O	6.20E+06	2.0	3430.0
456.	l-C6H6+OH ⇌ i-C6H5+H2O	3.10E+06	2.0	430.0
457.	n-C6H7 ⇌ c-C6H7	1.20E+31	8.0	8900.0
458.	n-C6H7 ⇌ A1+H	3.20E+26	5.0	15500.0
459.	n-C6H7+H ⇌ i-C6H7+H	2.40E+49	0.7	15100.0
460.	i-C6H7+H ⇌ C6H8	1.80E+39	7.6	11000.0
461.	n-C6H7+H ⇌ C6H8	5.60E+48	0.5	14700.0
462.	n-C6H7+H ⇌ l-C6H6+H2	1.50E+13	.0	.0
463.	i-C6H7+H ⇌ l-C6H6+H2	3.00E+13	.0	.0
464.	n-C6H7+OH ⇌ l-C6H6+H2O	2.50E+12	.0	.0
465.	i-C6H7+OH ⇌ l-C6H6+H2O	5.00E+12	.0	.0
466.	n-C6H7+O2 → C4H6+CO+HCO	4.16E+10	.0	2500.0
467.	i-C6H7+O2 → CH2CO+CH2CO+C2H3	7.86E+16	1.8	.0
468.	C6H8+H ⇌ n-C6H7+H2	1.33E+06	2.5	12240.0
469.	C6H8+H ⇌ i-C6H7+H2	6.65E+05	2.5	9240.0
470.	C6H8+OH ⇌ n-C6H7+H2O	6.20E+06	2.0	3430.0
471.	C6H8+OH ⇌ i-C6H7+H2O	3.10E+06	2.0	430.0
472.	A1+H ⇌ c-C6H7	1.40E+51	1.9	16100.0
473.	A1+H ⇌ A1-+H2	2.50E+14	.0	16000.0
474.	A1+OH ⇌ A1-+H2O	1.60E+08	1.4	1450.0
475.	A1-+H(+M) ⇌ A1(+M)	1.00E+14	.0	.0
	Parameter für die Troe-Form des *broadening*-Faktors			
	Low pressure limit: .66000E+76 -.16300E+02 .70000E+04			
	TROE centering: .10000E+01 .10000E+00 .58490E+03 .61130E+04			
476.	n-C4H3+C4H2 ⇌ A1C2H-	9.60E+70	7.8	31300.0
477.	A1+C2H ⇌ A1C2H+H	5.00E+13	.0	.0
478.	A1-+C2H2 ⇌ n-A1C2H2	7.00E+38	8.0	16400.0
479.	A1-+C2H2 ⇌ A1C2H+H	3.30E+33	5.7	25500.0
480.	A1C2H+H ⇌ n-A1C2H2	3.00E+43	9.2	15272.0
481.	A1C2H+H ⇌ i-A1C2H2	3.00E+43	9.2	15272.0
482.	A1C2H+H ⇌ A1C2H*+H2	2.50E+14	.0	16000.0
483.	A1C2H+H ⇌ A1C2H-+H2	2.50E+14	.0	16000.0
484.	A1C2H+OH ⇌ A1C2H*+H2O	1.60E+08	1.4	1450.0
485.	A1C2H+OH ⇌ A1C2H-+H2O	1.60E+08	1.4	1450.0
486.	A1C2H-+H(+M) ⇌ A1C2H(+M)	1.00E+14	.0	.0
	Parameter für die Troe-Form des *broadening*-Faktors			
	Low pressure limit: .66000E+76 -.16300E+02 .70000E+04			
	TROE centering: .10000E+01 .10000E+00 .58490E+03 .61130E+04			

Nr.	Reaktion	A [mol, cm^3, s]	n -	Ea [cal mol^{-1}]
487.	A1C2H*+H(+M) ⇌ A1C2H(+M)	1.00E+14	.0	.0
	Parameter für die Troe-Form des *broadening*-Faktors			
	Low pressure limit: .66000E+76 -.16300E+02 .70000E+04			
	TROE centering: .10000E+01 .10000E+00 .58490E+03 .61130E+04			
488.	A1+C2H3 ⇌ A1C2H3+H	7.90E+11	.0	6400.0
489.	A1-+C2H4 ⇌ A1C2H3+H	2.51E+12	.0	6190.0
490.	A1-+C2H3 ⇌ A1C2H3	1.20E+27	4.2	7235.0
491.	A1-+C2H3 ⇌ i-A1C2H2+H	8.50E-02	4.7	18424.0
492.	A1-+C2H3 ⇌ n-A1C2H2+H	9.40E+00	4.1	23234.0
493.	A1C2H3 ⇌ i-A1C2H2+H	5.30E+27	3.6	109332.0
494.	A1C2H3 ⇌ n-A1C2H2+H	1.10E+32	4.8	119483.0
495.	A1C2H3+H ⇌ A1C2H3*+H2	2.50E+14	.0	16000.0
496.	A1C2H3+OH ⇌ A1C2H3*+H2O	1.60E+08	1.4	1450.0
497.	A1C2H3*+H(+M) ⇌ A1C2H3(+M)	1.00E+14	.0	.0
	Parameter für die Troe-Form des *broadening*-Faktors			
	Low pressure limit: .66000E+76 -.16300E+02 .70000E+04			
	TROE centering: .10000E+01 .10000E+00 .58490E+03 .61130E+04			
498.	A1C2H3+H ⇌ n-A1C2H2+H2	6.65E+06	2.5	12240.0
499.	A1C2H3+H ⇌ i-A1C2H2+H2	3.33E+05	2.5	9240.0
500.	A1C2H3+OH ⇌ n-A1C2H2+H2O	3.10E+06	2.0	3430.0
501.	A1C2H3+OH ⇌ i-A1C2H2+H2O	1.55E+06	2.0	430.0
502.	n-A1C2H2+H ⇌ A1C2H+H2	1.50E+13	.0	.0
503.	i-A1C2H2+H ⇌ A1C2H+H2	3.00E+13	.0	.0
504.	n-A1C2H2+H ⇌ i-A1C2H2+H	9.90E+04	3.4	22040.0
505.	n-A1C2H2+OH ⇌ A1C2H+H2O	2.50E+12	.0	.0
506.	i-A1C2H2+OH ⇌ A1C2H+H2O	5.00E+12	.0	.0
507.	A1C2H*+C2H2 ⇌ A2-1	1.10E+62	4.6	33100.0
508.	A1C2H*+C2H2 ⇌ A1C2H)2+H	1.80E+19	1.7	18800.0
509.	A1C2H*+C2H2 ⇌ naphthyne+H	5.70E+64	4.4	57000.0
510.	A1C2H)2+H ⇌ A2-1	7.00E+63	4.6	29900.0
511.	A1C2H)2+H ⇌ naphthyne+H	1.90E+73	6.3	60900.0
512.	naphthyne+H ⇌ A2-1	4.90E+52	2.4	33000.0
513.	A1C2H+C2H ⇌ A1C2H)2+H	5.00E+13	.0	.0
514.	A1C2H3*+C2H2 ⇌ A2+H	1.60E+16	1.3	6600.0
515.	n-A1C2H2+C2H2 ⇌ A2+H	1.60E+16	1.3	5400.0
516.	A2+H ⇌ A2-1+H2	2.50E+14	.0	16000.0
517.	A2+H ⇌ A2-2+H2	2.50E+14	.0	16000.0
518.	A2+OH ⇌ A2-1+H2O	1.60E+08	1.4	1450.0
519.	A2+OH ⇌ A2-2+H2O	1.60E+08	1.4	1450.0

Nr.	Reaktion	A [mol, cm^3, s]	n -	Ea [cal mol^{-1}]
520.	A2-1+H(+M) ⇌ A2(+M)	1.00E+14	.0	.0
	Parameter für die Troe-Form des *broadening*-Faktors			
	Low pressure limit: .38000+128 -.31434E+02 .18676E+05			
	TROE centering: .20000E+00 .12280E+03 .47840E+03 .54119E+04			
521.	A2-2+H(+M) ⇌ A2(+M)	1.00E+14	.0	.0
	Parameter für die Troe-Form des *broadening*-Faktors			
	Low pressure limit: .95000+130 -.32132E+02 .18782E+05			
	TROE centering: .87000E+00 .49270E+03 .11790E+03 .56520E+04			
522.	A2-1+H ⇌ A2-2+H	2.40E+24	1.8	45281.0
523.	A2+C2H ⇌ A2C2HA+H	5.00E+13	.0	.0
524.	A2+C2H ⇌ A2C2HB+H	5.00E+13	.0	.0
525.	A2-1+C2H2 ⇌ A2C2H2	1.70E+43	9.1	21100.0
526.	A2-1+C2H2 ⇌ A2C2HA+H	1.30E+24	3.1	22600.0
527.	A2C2HA+H ⇌ A2C2H2	5.90E+46	0.0	19100.0
528.	A2C2H2+H ⇌ A2C2HA+H2	1.50E+13	.0	.0
529.	A2C2H2+OH ⇌ A2C2HA+H2O	2.50E+12	.0	.0
530.	A2C2HA+H ⇌ A2C2HA*+H2	2.50E+14	.0	16000.0
531.	A2C2HB+H ⇌ A2C2HB*+H2	2.50E+14	.0	16000.0
532.	A2C2HA+OH ⇌ A2C2HA*+H2O	1.60E+08	1.4	1450.0
533.	A2C2HB+OH ⇌ A2C2HB*+H2O	1.60E+08	1.4	1450.0
534.	A2C2HB*+H(+M) ⇌ A2C2HB(+M)	1.00E+14	.0	.0
	Parameter für die Troe-Form des *broadening*-Faktors			
	Low pressure limit: .38000+128 -.31434E+02 .18676E+05			
	TROE centering: .20000E+00 .12280E+03 .47840E+03 .54119E+04			
535.	A2C2HA*+H(+M) ⇌ A2C2HA(+M)	1.00E+14	.0	.0
	Parameter für die Troe-Form des *broadening*-Faktors			
	Low pressure limit: .95000+130 -.32132E+02 .18782E+05			
	TROE centering: .87000E+00 .49270E+03 .11790E+03 .56520E+04			
536.	A2C2HB*+C2H2 ⇌ A3-1	1.10E+62	4.6	33100.0
537.	A2C2HB*+C2H2 ⇌ A2C2H)2+H	1.80E+19	1.7	18800.0
538.	A2C2H)2+H ⇌ A3-1	6.90E+63	4.6	29900.0
539.	A2C2HA*+C2H2 ⇌ A3-4	1.10E+62	4.6	33100.0
540.	A2C2HA*+C2H2 ⇌ A2C2H)2+H	1.80E+19	1.7	18800.0
541.	A2C2H)2+H ⇌ A3-4	6.90E+63	4.6	29900.0
542.	A2C2HA+C2H ⇌ A2C2H)2+H	5.00E+13	.0	.0
543.	A2C2HB+C2H ⇌ A2C2H)2+H	5.00E+13	.0	.0
544.	A3+H ⇌ A3-1+H2	2.50E+14	.0	16000.0
545.	A3+H ⇌ A3-4+H2	2.50E+14	.0	16000.0
546.	A3+OH ⇌ A3-1+H2O	1.60E+08	1.4	1450.0
547.	A3+OH ⇌ A3-4+H2O	1.60E+08	1.4	1450.0

Nr.	Reaktion	A [mol, cm^3, s]	n -	Ea [cal mol^{-1}]
548.	A3-1+H(+M) ⇌ A3(+M)	1.00E+14	.0	.0
	Parameter für die Troe-Form des *broadening*-Faktors			
	Low pressure limit: .40000+149 -.37505E+02 .20551E+05			
	TROE centering: .10000E+01 .53630E+03 .14490E+03 .56328E+04			
549.	A3-4+H(+M) ⇌ A3(+M)	1.00E+14	.0	.0
	Parameter für die Troe-Form des *broadening*-Faktors			
	Low pressure limit: .21000+140 -.34803E+02 .18378E+05			
	TROE centering: .10000E-02 .17140E+03 .17140E+03 .49928E+04			
550.	A3-1+H ⇌ A3-4+H	3.80E+40	6.3	61782.0
551.	A2R5+H ⇌ A2R5-+H2	2.50E+14	.0	16000.0
552.	A2R5+OH ⇌ A2R5-+H2O	1.60E+08	1.4	1450.0
553.	A2R5-+H(+M) ⇌ A2R5(+M)	1.00E+14	.0	.0
	Parameter für die Troe-Form des *broadening*-Faktors			
	Low pressure limit: .66000E+76 -.16300E+02 .70000E+04			
	TROE centering: .10000E+01 .10000E+00 .58490E+03 .61130E+04			
554.	A2C2HA+H ⇌ A2R5+H	4.60E+37	7.0	23100.0
555.	A2C2H2 ⇌ A2R5+H	1.56E+46	0.3	41300.0
556.	A3+C2H ⇌ A3C2H+H	5.00E+13	.0	.0
557.	A3-4+C2H2 ⇌ A3C2H2	8.00E+61	4.5	34800.0
558.	A3-4+C2H2 ⇌ A3C2H+H	1.20E+26	3.4	30200.0
559.	A3-4+C2H2 ⇌ A4+H	3.30E+24	3.4	17800.0
560.	A3C2H+H ⇌ A3C2H2	1.90E+64	5.1	29300.0
561.	A3C2H+H ⇌ A4+H	9.00E+38	7.4	20700.0
562.	A3C2H2 ⇌ A4+H	2.00E+63	5.3	43200.0
563.	A4+H ⇌ A4-+H2	2.50E+14	.0	16000.0
564.	A4+OH ⇌ A4-+H2O	1.60E+08	1.4	1450.0
565.	A4-+H ⇌ A4	1.00E+14	.0	.0
566.	A1+A1- ⇌ P2+H	1.10E+23	2.9	15890.0
567.	A1+A1- ⇌ P2-H	3.70E+32	6.7	9870.0
568.	P2-H ⇌ P2+H	3.80E+37	8.0	27880.0
569.	A1-+A1- ⇌ P2	2.00E+19	2.0	2900.0
570.	A1-+A1- ⇌ P2-+H	2.30E-01	4.6	28950.0
571.	P2 ⇌ P2-+H	1.10E+25	2.7	114270.0
572.	P2+H ⇌ P2-+H2	2.50E+14	.0	16000.0
573.	P2+OH ⇌ P2-+H2O	1.60E+08	1.4	1450.0
574.	P2-+C2H2 ⇌ A3+H	4.60E+06	2.0	7300.0
575.	A1+O ⇌ C6H5O+H	2.20E+13	.0	4530.0
576.	A1+OH ⇌ C6H5OH+H	1.30E+13	.0	10600.0
577.	A1-+O2 ⇌ C6H5O+O	2.10E+12	.0	7470.0
578.	C6H5O ⇌ CO+C5H5	2.50E+11	.0	43900.0
579.	C6H5O+H ⇌ CO+C5H6	3.00E+13	.0	.0
580.	C6H5O+O ⇌ HCO+2C2H2+CO	3.00E+13	.0	.0

Nr.	Reaktion	A [mol, cm^3, s]	n -	Ea [cal mol^{-1}]
581.	C6H5O+H(+M) ⇌ C6H5OH(+M)	2.50E+14	.0	.0
	Parameter für die Troe-Form des *broadening*-Faktors			
	Low pressure limit: .10000E+95 -.21840E+02 .13880E+05			
	TROE centering: .43000E-01 .30420E+03 .60000E+05 .58964E+04			
582.	C6H5OH+H ⇌ C6H5O+H2	1.15E+14	.0	12400.0
583.	C6H5OH+O ⇌ C6H5O+OH	2.80E+13	.0	7352.0
584.	C6H5OH+OH ⇌ C6H5O+H2O	6.00E+12	.0	.0
585.	C5H5+H(+M) ⇌ C5H6(+M)	1.00E+14	.0	.0
	Parameter für die Troe-Form des *broadening*-Faktors			
	Low pressure limit: .44000E+81 -.18280E+02 .12994E+05			
	TROE centering: .68000E-01 .40070E+03 .41358E+04 .55019E+04			
586.	C5H5+O ⇌ n-C4H5+CO	1.00E+14	.0	.0
587.	C5H5+OH ⇌ C5H4OH+H	5.00E+12	.0	.0
588.	C5H5+HO2 ⇌ C5H5O+OH	3.00E+13	.0	.0
589.	C5H6+H ⇌ C5H5+H2	2.20E+08	1.8	3000.0
590.	C5H6+O ⇌ C5H5+OH	1.80E+13	.0	3080.0
591.	C5H6+OH ⇌ C5H5+H2O	3.43E+09	1.2	-447.0
592.	C5H5O ⇌ n-C4H5+CO	2.50E+11	.0	43900.0
593.	C5H5O+H ⇌ CH2O+2C2H2	3.00E+13	.0	.0
594.	C5H5O+O ⇌ CO2+n-C4H5	3.00E+13	.0	.0
595.	C5H4OH ⇌ C5H4O+H	2.10E+13	.0	48000.0
596.	C5H4OH+H ⇌ CH2O+2C2H2	3.00E+13	.0	.0
597.	C5H4OH+O ⇌ CO2+n-C4H5	3.00E+13	.0	.0
598.	C5H4O ⇌ CO+C2H2+C2H2	1.00E+15	.0	78000.0
599.	C5H4O+O ⇌ CO2+2C2H2	3.00E+13	.0	.0
600.	A1C2H+OH → A1-+CH2CO	2.18E-04	4.5	-1000.0
601.	A1C2H)2+OH → A1C2H-+CH2CO	2.18E-04	4.5	-1000.0
602.	A2C2HA+OH → A2-1+CH2CO	2.18E-04	4.5	-1000.0
603.	A2C2HB+OH → A2-2+CH2CO	2.18E-04	4.5	-1000.0
604.	A3C2H+OH → A3-4+CH2CO	2.18E-04	4.5	-1000.0
605.	A1C2H+OH → C6H5O+C2H2	1.30E+13	.0	10600.0
606.	A1C2H3+OH → C6H5O+C2H4	1.30E+13	.0	10600.0
607.	A1C2H)2+OH → C4H2+C6H5O	1.30E+13	.0	10600.0
608.	A2+OH → A1C2H+CH2CO+H	1.30E+13	.0	10600.0
609.	A2C2HA+OH → A1C2H+H2C4O+H	1.30E+13	.0	10600.0
610.	A2C2HB+OH → A1C2H+H2C4O+H	1.30E+13	.0	10600.0
611.	A3+OH → A2C2HB+CH2CO+H	6.50E+12	.0	10600.0
612.	A3+OH → A2C2HA+CH2CO+H	6.50E+12	.0	10600.0
613.	A3C2H+OH → A2C2HA+H2C4O+H	6.50E+12	.0	10600.0
614.	A3C2H+OH → A2C2HB+H2C4O+H	6.50E+12	.0	10600.0
615.	A4+OH → A3-4+CH2CO	1.30E+13	.0	10600.0
616.	A1C2H+O → HCCO+A1-	2.04E+07	2.0	1900.0

Nr.	Reaktion	A [mol, cm^3, s]	n -	Ea [cal mol^{-1}]
617.	A1C2H)2+O → HCCO+A1C2H-	2.04E+07	2.0	1900.0
618.	A1C2H3+O → A1-+CH3+CO	1.92E+07	1.8	220.0
619.	A2C2HA+O → HCCO+A2-1	2.04E+07	2.0	1900.0
620.	A2C2HB+O → HCCO+A2-2	2.04E+07	2.0	1900.0
621.	A1C2H+O → C2H+C6H5O	2.20E+13	.0	4530.0
622.	A1C2H3+O → C2H3+C6H5O	2.20E+13	.0	4530.0
623.	A1C2H)2+O → C6H5O+C4H	2.20E+13	.0	4530.0
624.	A2+O → CH2CO+A1C2H	2.20E+13	.0	4530.0
625.	A2C2HA+O → A1C2H)2+CH2CO	2.20E+13	.0	4530.0
626.	A2C2HB+O → A1C2H)2+CH2CO	2.20E+13	.0	4530.0
627.	A3+O → A2C2HA+CH2CO	1.10E+13	.0	4530.0
628.	A3+O → A2C2HB+CH2CO	1.10E+13	.0	4530.0
629.	A3C2H+O → A2C2HA+H2C4O	1.10E+13	.0	4530.0
630.	A3C2H+O → A2C2HB+H2C4O	1.10E+13	.0	4530.0
631.	A4+O → A3-4+HCCO	2.20E+13	.0	4530.0
632.	A1C2H*+O2 → l-C6H4+CO+HCO	2.10E+12	.0	7470.0
633.	A1C2H-+O2 → l-C6H4+CO+HCO	2.10E+12	.0	7470.0
634.	A1C2H3*+O2 → l-C6H6+CO+HCO	2.10E+12	.0	7470.0
635.	n-A1C2H2+O2 → A1-+CO+CH2O	1.00E+11	.0	.0
636.	A2-1+O2 → A1C2H+HCO+CO	2.10E+12	.0	7470.0
637.	A2-2+O2 → A1C2H+HCO+CO	2.10E+12	.0	7470.0
638.	A2C2HA*+O2 → A2-1+CO+CO	2.10E+12	.0	7470.0
639.	A2C2HB*+O2 → A2-2+CO+CO	2.10E+12	.0	7470.0
640.	A3-4+O2 → A2C2HB+HCO+CO	2.10E+12	.0	7470.0
641.	A3-1+O2 → A2C2HA+HCO+CO	2.10E+12	.0	7470.0
642.	A4-+O2 → A3-4+CO+CO	2.10E+12	.0	7470.0